建筑施工安全检查标准实施指南

建设部建筑管理司组织编写

中国建筑工业出版社

图书在版编目（CIP）数据

建筑施工安全检查标准实施指南/建设部建筑管理司组织编写，—北京：中国建筑工业出版社，2001.5
ISBN 978-7-112-04710-9

Ⅰ.建… Ⅱ.建… Ⅲ.建筑工程-工程施工-安全检查-国家标准-中国-指南 Ⅳ.TU714-65

中国版本图书馆 CIP 数据核字（2001）第 029245 号

建筑施工安全检查标准实施指南

建设部建筑管理司组织编写

*

中国建筑工业出版社出版、发行（北京西郊百万庄）
各地新华书店、建筑书店经销
北京建筑工业印刷厂印刷

*

开本：850×1168毫米 1/32 印张：4¾ 字数：126千字
2001年5月第一版 2011年11月第十八次印刷
印数：149,501—151,500册 定价：**10.00**元
ISBN 978-7-112-04710-9
(10184)

版权所有 翻印必究
如有印装质量问题，可寄本社退换
（邮政编码 100037）

本书以建筑安全生产的有关法律、法规、标准规范为依据，结合工作实际，对贯彻执行《建筑施工安全检查标准》具体要求和实施进行了详尽阐述，有助于读者更好地认识和理解该《标准》，统一检查口径，提高建筑施工安全生产管理工作和施工现场检查工作的水平。

*　　*　　*

责任编辑：袁孝敏

本书编审人员名单

执笔：刘嘉福　戴贞洁

参加编写人员：徐　波　丁传波　邓　谦

刘嘉福　戴贞洁　刘照源

付汉泉　殷时奎　姜　敏

康　琮　戴宝荣　夏　静

关海鸥　唐　伟　潘国钿

曾群守　吾斯曼　姚天玮

审查人员：徐崇宝　闫　琪　刘思亮

张镇华

前　　言

《建筑施工安全检查标准》JGJ59—99（以下简称《标准》)，于1999年5月1日起实施后，对加强建筑施工企业安全生产工作、规范施工现场管理起了积极作用，对提高现场安全防护水平、搞好文明施工具有重要意义。

几年来，各地在深入贯彻执行《标准》的过程中，总结出很多的经验，也提出一些很好的建议。

为更好地贯彻执行《标准》，我们组织有关专家和技术人员对各地的经验和提出的建议进行了认真的总结和研究。并依据建筑安全生产的法律、法规和有关规范，结合实际，对《标准》进行了详细的阐述，以便能够对《标准》有更全面的理解，进一步提高建筑施工安全生产管理工作和现场检查工作的水平。

建设部建筑管理司

2001.5

目　录

1. 建筑施工安全检查评分汇总表[①]

（一）汇总表的内容

汇总表是对十个分项内容检查结果的汇总，利用汇总表所得分值，来确定和评价总体系统的安全生产工作情况，共列为十七张检查评分表。

1. 安全管理

主要对施工中安全管理的日常工作进行考核。在事故类别分析中虽然没有分析安全管理工作，但管理不善却是造成伤亡事故的主要原因之一。在事故分析中，事故大多不是因技术问题解决不了造成的，都是因违章所致。所以应做好日常的安全管理工作和资料的积累，以提供检查人员对该工程安全管理工作的确认。

2. 文明施工

按照167号国际劳工公约《施工安全与卫生公约》的要求，施工现场不但应该做到遵章守纪，安全生产，同时还应做到文明施工，整齐有序，把过去建筑施工以“脏、乱、差”为主要特征的工地，改变为城市文明的“窗口”。

3. 脚手架

（1）落地式脚手架。主要指从地面搭起的木、钢脚手架，包括各种高度的脚手架。

（2）悬挑式脚手架。包括从地面、楼板或墙体上用立杆斜挑的脚手架，提供一个层高的使用高度的外挑式脚手架和高层建筑施工分段搭设的多层悬挑式脚手架。

（3）门型脚手架。主要指定型的门型框架为基本构件的脚手架，由门型框架、水平梁、交叉支撑组合成基本单元，这些基本

---

① 该检查评分汇总表放在本篇文末，以下同。

单元相互连接，逐层叠高，左右伸展，构成整体门型脚手架。

(4) 挂脚手架。主要指悬挂在建筑结构预埋件上的钢架，并在两片钢架之间铺设脚手板，提供作业的脚手架。

(5) 吊篮脚手架。是将预制组装的吊篮悬挂在挑梁上，挑梁与建筑结构固定，吊篮通过手（电）动葫芦钢丝绳带动，进行升降作业。

(6) 附着式升降脚手架。是将脚手架附着在建筑结构上，并能利用自身设备使架体升降，可以分段提升或整体提升，也称整体提升脚手架或爬架。

4. 基坑支护及模板工程

近年来建筑施工伤亡事故中坍塌事故比例增大，其中多因开挖基坑时未按土质情况设置安全边坡和做好固壁支撑；拆模时楼板混凝土未达到设计强度、模板支撑没经过设计计算造成的坍塌事故，必须认真治理。

5. “三宝”、“四口”防护

“三宝”指安全帽、安全带、安全网的正确使用；“四口”指楼梯口、电梯井口、预留洞口、通道口。要求在建筑施工过程中，必须针对工地易发生事故的部位，采用可靠的防护措施，以及做为防护的补充措施，要求按不同作业条件正确佩戴和使用个人防护用品。

6. 施工用电

是针对施工现场在工程建设过程中的临时用电而制定的，主要强调必须按照临时用电施工组织设计施工，有明确的保护系统，符合三级配电两级保护要求，做到“一机、一闸、一漏、一箱”，线路架设符合规定。

7. 物料提升机与外用电梯

施工现场使用的物料提升机和人货两用电梯是垂直运输的主要设备，物料提升机目前尚未定型，多由企业自己制作自己使用，存在着设计制作不符合规范规定，使用管理随意的情况；人货两用电梯虽然设备本身是由厂家生产，但也存在组装、使用及管理上的隐患，一旦发生问题将会造成重大事故。所以必须按照规范及有关规定，对这两种设备进行认真检查严格管理，防止发生事故。

8. 塔吊

塔式起重机因其高度高和幅度大的特点大量用于建筑工程施工，可以同时解决垂直及水平运输，但由于其使用环境、条件复杂和多变，在组装、拆除及使用中存在一定的危险性，使用、管理不善易发生倒塔事故造成人员伤亡。所以要求组装、拆除必须由具有资格的专业队伍承担，使用前进行试运转检查，使用中严格按规定要求进行。

9. 起重吊装

主要指建筑工程中的结构吊装和设备安装工程。起重吊装是专业性强且危险性较大的工作，所以要求必须做专项施工方案、进行试吊、有专业队伍和经验收合格的起重设备。

10. 施工机具

施工现场除使用大型机械设备外，也大量使用中小型机械和机具，这些机具虽然体积较小，但仍有其危险性，且因量多面广，有必要进行规范，否则造成事故也相当严重。

（二）分项检查表的结构形式

分项检查表的结构形式分为两类，一类是自成整体的系统，如脚手架、施工用电等检查表，列出的各检查项目之间有内在的联系，按其结构重要程度的大小，对其系统的安全检查情况起到制约的作用。在这类检查评分表中，把影响安全的关键项目列为保证项目，其他项目列为一般项目；另一类是各检查项目之间无相互联系的逻辑关系，因此没有列出保证项目，如“三宝”、“四口”防护和施工机具两张检查表。

凡在检查表中列在保证项目中的各项，对系统的安全与否起着关键作用，为了突出这些项目的作用，而制定了保证项目的评分原则：即遇有保证项目中有一项不得分或保证项目小计得分不足40分时，此检查评分表不得分。

(三) 汇总表的计分及分值比例

汇总表采用了百分制计分，各分项内容在汇总表中占分值比例，依据对因工伤亡事故类型的统计分析结果，且考虑了分值的计算简便，将文明施工分项定为20分、起重吊装分项定为5分、施工机具分项定为5分外，其他各分项都确定为10分。由于“起重吊装”只是建筑施工中的一个工序过程，在组织检查中遇到的机会较少；“施工机具”在近些年有较大改观，防护装置日趋完善，所以确定为5分；而“文明施工”是独立的一个方面，内容范围广泛，也是施工现场整体面貌的体现和树立建筑业形象的综合反映，所以确定为20分。根据汇总表实得分数，确定整体系统（即一个工地）的安全生产工作的等级，划分为优良、合格、不合格三个等级。

(四) 等级的划分原则

1. 优良：在施工现场内无重大事故隐患，各项工作达到行业平均先进水平，汇总表分值在80分（含80分）以上。

2. 合格：施工现场达到保证安全生产的基本要求，汇总表分值在70分（含70分）以上；或有一分项检查表不得分，汇总表分值在75分（含75分）以上的。这里是考虑到虽有一项工作存在隐患较大，而其他工作都比较好，本着帮助和督促企业做好安全工作的精神，也定为合格。

3. 不合格：施工现场隐患多，出现重大伤亡事故的几率比较大，汇总表分值不足70分，随时可能导致伤亡事故的发生。

另外考虑到起重吊装与施工机具分值所占比例较少，因此确定对这两项检查表未得分时，汇总表实得分值必须在80分（含80分）以上时，为合格。

(五) 分值的计算方法

1. 汇总表中各项实得分数计算方法：

$$\text{分项实得分} = \frac{\text{该分项在汇总表中应得分} \times \text{该分项在检查评分表中实得分}}{100}$$

【例1】 《安全管理检查评分表》实得76分，换算在汇总表中《安全管理》分项实得分为多少？

$$分项实得分 = \frac{10 \times 76}{100} = 7.6 分$$

2. 汇总表中遇有缺项时，汇总表总分计算方法：

$$缺项的汇总表分 = \frac{实查项目实得分值之和}{实查项目应得分值之和} \times 100$$

【例 2】 某工地没有塔吊，则塔吊在汇总表中有缺项，其他各分项检查在汇总表实得分为 84 分，计算该工地汇总表实得分为多少？

$$缺项的汇总表分 = \frac{84}{90} \times 100 = 93.34 分$$

3. 分表中遇有缺项时，分表总分计算方法：

$$缺项的分表分 = \frac{实查项目实得分值之和}{实查项目应得分值之和} \times 100$$

【例 3】 《施工用电检查评分表》中，“外电防护”缺项（该项应得分值为 20 分），其他各项检查实得分为 64 分，计算该分表实得多少分？换算到汇总表中应为多少分？

$$缺项的分表分 = \frac{64}{100 - 20} \times 100 = 80 分$$

$$汇总表中施工用电分项实得分 = \frac{10 \times 80}{100} = 8 分$$

4. 分表中遇保证项目缺项时，“保证项目小计得分不足 40 分，评分表得零分”，计算方法即实得分与应得分之比 $< 66.7\%$ 时，评分表得零分 $\left(\frac{40}{60} = 66.7\%\right)$。

【例 4】 如在施工用电检查表中，外电防护这一保证项目缺项（该项为 20 分），另有其他“保证项目”检查实得分合计为 20 分（应得分值为 40 分），该分项检查表是否能得分？

$$\frac{20}{40} = 50\% < 66.7\%$$

则该分项检查表计零分。

5. 在各汇总表的各分项中，遇有多个检查评分表分值时，则该分项得分应为各单项实得分数的算术平均值。

【例 5】 某工地多种脚手架和多台塔吊，落地式脚手架实得分为 86 分、悬挑脚手架实得分为 80 分；甲塔吊实得分为 90 分、乙塔吊实得分为 85 分。计算汇总表中脚手架—塔吊实得分值为多少？

(1) 脚手架实得分 $= \frac{86+80}{2} = 83$ 分

换算到汇总表中分值 $= \frac{10 \times 83}{100} = 8.3$ 分

(2) 塔吊实得分 $= \frac{90+85}{2} = 87.5$ 分

换算到汇总表中分值 $= \frac{10 \times 87.5}{100} = 8.75$ 分

建筑施工安全检查评分汇总表

表 3.0.1❶

企业名称：　　　　经济类型：　　　　资质等级：

<table>
<tr><td rowspan="2">单位工程（施工现场）名称</td><td rowspan="2">建筑面积（m^2）</td><td rowspan="2">结构类型</td><td rowspan="2">总计得分（满分分值100分）</td><td colspan="10">项目名称及分值</td></tr>
<tr><td>安全管理（满分分值为10分）</td><td>文明施工（满分分值为20分）</td><td>脚手架（满分分值为10分）</td><td>基坑支护与模板工程（满分分值为10分）</td><td>“三宝”、“四口”防护（满分分值为10分）</td><td>施工用电（满分分值为10分）</td><td>物料提升机与外用电梯（满分分值为10分）</td><td>塔吊（满分分值为10分）</td><td>起重吊装（满分分值为5分）</td><td>施工机具（满分分值为5分）</td></tr>
<tr><td></td><td></td><td></td><td></td><td></td><td></td><td></td><td></td><td></td><td></td><td></td><td></td><td></td><td></td></tr>
<tr><td colspan="14">评语：</td></tr>
<tr><td>检查单位</td><td colspan="3"></td><td>负责人</td><td colspan="2"></td><td>受检项目</td><td colspan="2"></td><td>项目经理</td><td colspan="3"></td></tr>
</table>

年　　月　　日

❶ 此表号为《建筑施工安全检查标准》中“3 检查评分表”的表序，下同。

2. 安全管理检查评分表

(一) 安全生产责任制

1. 公司，项目，班组应当建立安全生产责任制，施工现场主要检查项目部制定的安全生产责任制，包括：项目负责人、工长（施工员）、班组长等生产指挥系统及生产、技术、机械、器材、后勤等有关部门，是否都按其职责分工，确定了安全责任，并有文字说明。

2. 项目对各级、各部门安全生产责任制应规定检查和考核办法，并按规定期限进行考核，对考核结果及兑现情况应有记录。检查组对现场的实地检查作为评定责任制落实情况的依据。

3. 项目独立承包的工程在签订承包合同中必须有安全生产工作的具体指标和要求。工地由多单位施工时，总分包单位在签订分包合同的同时要签订安全生产合同（协议），签订合同前要检查分包单位的营业执照、企业资质证、安全资格证等。分包队伍的资质应与工程要求相符，在安全合同中应明确总分包单位各自的安全职责，原则上，实行总承包的由总承包单位负责，分包单位向总包单位负责，服从总包单位对施工现场的安全管理。分包单位在其分包范围内建立施工现场安全生产管理制度，并组织实施。

4. 项目的主要工种应有相应的安全技术操作规程，一般应包括：砌筑、拌灰、混凝土、木作、钢筋、机械、电气焊，起重司索、信号指挥、塔司、架子、水暖、油漆等工种，特种作业应另行补充。应将安全技术操作规程列为日常安全活动和安全教育的主要内容，并应悬挂在操作岗位前。

5. 施工现场应按工程项目大小配备专（兼）职安全人员。可按建筑面积 1 万 m^2 以下的工地至少有一名专职人员；1 万 m^2

以上的工地设2～3名专职人员；5万m^2以上的大型工地，按不同专业组成安全管理组进行安全监督检查。

6. 对工地管理人员的责任制考核工作，可由检查组随机抽查，进行口试或简单笔试。

（二）目标管理

1. 施工现场对安全工作应制定工作目标。安全管理目标主要包括：

（1）伤亡事故控制目标：杜绝死亡、避免重伤，一般事故应有控制指标。

（2）安全达标目标：根据工程特点，按部位制定安全达标的具体目标。

（3）文明施工实现目标：根据作业条件的要求，制定文明施工的具体方案和实现文明工地的目标。

2. 对制定的安全管理目标，根据安全责任目标的要求，按专业管理将目标分解到人。

3. 对分解的责任目标及责任人的执行情况与经济挂勾，每月有考核结果并记录。

4. 安全管理目标执行的如何，有具体的责任分析和考核办法，每月随考核结果兑现。

（三）施工组织设计

1. 所有施工项目在编制施工组织设计时，应当根据工程特点制定相应的安全技术措施。安全技术措施要针对工程特点、施工工艺、作业条件以及队伍素质等，按施工部位列出施工的危险点，对照各危险点制定具体的防护措施和安全作业注意事项，并对各种防护设施的用料计划一并纳入施工组织设计，安全技术措施必须经上级主管领导审批，并经专业部门会签。

2. 对专业性强、危险性大的工程项目，如脚手架、模板工程、基坑支护、施工用电、起重吊装作业、塔吊、物料提升机及其他垂直运输设备的安装与拆除，及基础和附着的设计，孔洞临边防护，以及爆破施工、水下施工、拆除施工、人工挖孔桩施工等项目，应当编制专项安全施工组织设计，并采取相应的安全技术措施，保证施工安全。

3. 安全技术措施的制定必须结合工程特点和现场实际，当施工方案有变化时，安全技术措施也应重新修订并经审批。方案和措施不能与工程实际脱节，不能流于形式。

（四）分部（分项）工程安全技术交底

1. 安全技术交底工作在正式作业前进行，不但口头讲解，同时应有书面文字材料，并履行签字手续，施工负责人、生产班组、现场安全员三方各留一份。

2. 安全技术交底主要包括两方面的内容：一是在施工方案的基础上进行的，按照施工方案的要求，对施工方案进行细化和补充；二是要将操作者的安全注意事项讲明，保证操作者的人身安全。交底内容不能过于简单，千篇一律口号化。应按分部分项工程和针对作业条件的变化具体进行。

3. 安全技术交底工作，是施工负责人向施工作业人员进行职责落实的法律要求，要严肃认真的进行，不能流于形式。

（五）安全检查

1. 施工现场应建立定期的安全检查制度，并有文字材料具体规定。

2. 安全检查时，应由施工负责人组织有关专业人员和部门负责人共同进行。施工生产指挥人员每天在工地指挥生产的同时，检查和解决的安全问题，不能替代正式的安全检查工作。

3. 安全检查应按照有关规范、标准进行，并对照安全技术措施提出的具体要求检查。凡不符合规定的和存在隐患的问题，均应进行登记，定人、定时间、定措施解决，并对实际整改情况进行登记。

4. 对有关上级来工地检查中下达的重大事故隐患通知书所列项目，是否如期整改和整改情况应一并进行登记。

（六）安全教育

1. 对安全教育工作应建立定期的安全教育制度并认真执行，

有专人负责监督。

2. 新入厂工人必须经公司、项目、班组三级安全教育。三级教育的内容、时间及考核结果要有记录。按照建设部建教［1997］83号文《建筑业企业职工安全培训教育暂行规定》规定：

公司教育内容：国家和地方有关安全生产的方针、政策、法规、标准、规范、规程和企业的安全规章制度等。

项目教育的内容：工地安全制度、施工现场环境、工程施工特点及可能存在的不安全因素等。

班组教育内容：本工种的安全操作规程、事故案例剖析、劳动纪律和岗位讲评等。

3. 工人变换工种，应先进行操作技能及安全操作知识的培训，考核合格后，方可上岗操作。进行教育和考核应有记录资料。

4. 对安全教育制度中规定的定期教育执行情况，应进行定期检查考核结果记录。

5. 检查时可对现场施工管理人员及安全专（兼）职人员进行了解，并抽查工人安全操作规程的掌握情况。

6. 企业安全人员每年培训时间应不少于40学时，施工管理人员也应按建设部规定每年进行安全培训，考核合格后持证上岗。

（七）班前安全活动

1. 班前安全活动是行之有效的措施应形成制度，按照规定坚持执行。

2. 班前安全活动应有人负责抽查、指导、管理，应有活动内容，针对各班组专业特点和作业条件进行。不能以布置生产工作替代安全活动内容，每次活动应简单重点记录活动内容。

（八）特种作业持证上岗

1. 按照规定特种作业工种包括：架子、起重、司索、信号指挥、电工、焊工、机械、机动车驾驶、起重机司机、司炉等十四个工种。应按照规定参加上级有关部门进行的培训并经考核合格持证上岗，当超越合格证规定的有效期限时，应进行复试，否则便视为无证上岗。

2. 特种作业人员应进行登记造册，并记录合格证号码，年限，有专人管理加强监督。

（九）工伤事故处理

1. 施工现场凡发生轻伤、重伤、死亡及多人险肇事故均应进行登记，并按国家有关规定逐级上报。

2. 发生的各类事故均应组织调查和配合上级调查组进行工作。发生轻伤和险肇事故时，应把工地自己组织调查情况和吸取教训及处理结果进行登记。重伤以上事故，按上级有关调查处理规定程序进行登记。

3. 按规定建立符合要求的工伤事故档案，没有发生伤亡事故时，也应如实填写《建设系统伤亡事故月报表》，按月向上级主管部门上报。

（十）安全标志

1. 施工现场应针对作业条件悬挂符合 GB2894—1996《安全标志》的安全色标，并应绘制施工现场安全标志布置图。当多层建筑各层标志不一致时，可按各层列表或绘制分层布置图。安全标志布置图应有绘制人签名，并经项目经理审批。

2. 安全色标应有专人管理，作业条件变化或损坏时，应及时更换。安全色标应针对作业危险部位标挂，不可以全部并挂排列流于形式。

安全管理检查评分表　　表 3.0.2

序号	检查项目		扣分标准	应得分数	扣减分数	实得分数
1	保证项目	安全生产责任制	未建立安全责任制，扣 10 分 各级各部门未执行责任制，扣 4～6 分 经济承包中无安全生产指标，扣 10 分 未制定各工种安全技术操作规程，扣 10 分 未按规定配备专（兼）职安全员的扣 10 分 管理人员责任制考核不合格，扣 5 分	10		
2		目标管理	未制定安全管理目标（伤亡控制指标和安全达标、文明施工目标），扣 10 分 未进行安全责任目标分解的扣 10 分 无责任目标考核规定的扣 8 分 考核办法未落实或落实不好的扣 5 分	10		
3		施工组织设计	施工组织设计中无安全措施，扣 10 分 施工组织设计未经审批，扣 10 分 专业性较强的项目，未单独编制专项安全措施未落实，扣 8 分 安全措施不全面，扣 2～4 分 安全措施无针对性，扣 6～8 分 安全措施未落实，扣 8 分	10		
4		分部（分项）工程安全技术交底	无书面安全技术交底的扣 10 分 交底针对性不强，扣 4～6 分 交底不全面，扣 4 分 交底未履行签字手续，扣 2～4 分	10		
5		安全检查	无定期安全检查制度，扣 5 分 安全检查无记录，扣 5 分 检查出事故隐患整改做不到定人、定时间、定措施，扣 2～6 分 对重大事故隐患整改通知书所列项目未如期完成，扣 5 分	10		
6		安全教育	无安全教育制度，扣 10 分 新入厂工人未进行三级安全教育，扣 10 分 无具体安全教育内容，扣 6～8 分 变换工种时未进行安全教育，扣 10 分 每有一人不懂本工种安全技术操作规程，扣 2 分 施工管理人员未按规定进行年度培训的扣 5 分 专职安全员未按规定进行年度培训考核或考核不合格的扣 5 分	10		
		小　计		60		

续表

序号	检查项目		扣分标准	应得分数	扣减分数	实得分数
7	一般项目	班前安全活动	未建立班前安全活动制度，扣10分 班前安全活动无记录，扣2分	10		
8		特种作业持证上岗	有一人未经培训从事特种作业，扣4分 有一人未持操作证上岗，扣2分	10		
9		工伤事故	工伤事故未按规定报告，扣3～5分 工伤事故未按事故调查分析规定处理，扣10分 未建立工伤事故档案，扣4分	10		
10		安全标志	无现场安全标志布置总平面图，扣5分 现场未按安全标志总平面图设置安全标志的，扣5分	10		
		小计		40		
检查项目合计				100		

注：1. 每项最多扣减分数不大于该项应得分数。

2. 保证项目有一项不得分或保证项目小计得分不足40分，检查评分表计零分。

3. 该表换算到表3.0.1后得分 $=\frac{10\times\text{该表检查项目实得分数合计}}{100}$。

3. 文明施工检查评分表

（一）现场围档

1. 围档的高度按当地行政区域的划分，市区主要路段的工地周围设置的围档高度不低于2.5m；一般路段的工地周围设置的围档高度不低于1.8m。

2. 围档材料应选用砌体，金属板材等硬质材料，禁止使用彩条布、竹笆、安全网等易变形材料，做到坚固、平稳、整洁、美观。

3. 围档的设置必须沿工地四周连续进行，不能有缺口，或个别处不坚固等问题。

（二）封闭管理

1. 为加强现场管理，施工工地应有固定的出入口。出入口应设置大门便于管理。

2. 出入口处应有专职门卫人员及门卫管理制度，切实起到门卫作用。

3. 为加强对出入现场人员的管理，规定进入施工现场的人员都应佩戴工作卡以示证明，工作卡应佩戴整齐。

4. 出入大门口的形式，各企业各地区可按自己的特点进行设计。

（三）施工场地

1. 工地的地面，有条件的可做混凝土地面，无条件的可采用其他硬化地面的措施，使现场地面平整坚实。但像搅拌机棚内等处易积水的地方，应做水泥地面和有良好的排水措施。

2. 施工场地应有循环干道，且保持经常畅通，不堆放构件、材料，道路应平整坚实，无大面积积水。

3. 施工场地应有良好的排水设施，保证畅通排水。

4. 工程施工的废水、泥浆应经流水槽或管道流到工地集水池统一沉淀处理，不得随意排放和污染施工区域以外的河道、路面。

5. 施工现场的管道不能有跑、冒、滴、漏或大面积积水现象。

6. 施工现场应该禁止吸烟防止发生危险，应该按照工程情况设置固定的吸烟室或吸烟处，吸烟室应远离危险区并设必要的灭火器材。

7. 工地应尽量做到绿化，尤其在市区主要路段的工地应该首先做到。

（四）材料堆放

1. 施工现场工具、构件、材料的堆放必须按照总平面图规定的位置放置。

2. 各种材料、构件堆放必须按品种、分规格堆放，并设置明显标牌。

3. 各种物料堆放必须整齐，砖成丁，砂、石等材料成方，大型工具应一头见齐，钢筋、构件、钢模板应堆放整齐用木方垫起。

4. 作业区及建筑物楼层内，应随完工随清理。除去现浇筑混凝土的施工层外，下部各楼层凡达到强度的随拆模随及时清理运走，不能马上运走的必须码放整齐。

5. 各楼层内清理的垃圾不得长期堆放在楼层内应及时运走，施工现场的垃圾也应分别类型集中堆放。

6. 易燃易爆物品不能混放，除现场有集中存放处外，班组使用的零散的各种易燃易爆物品，必须按有关规定存放。

（五）现场住宿

1. 施工现场必须将施工作业区与生活区严格分开不能混用。在建工程内不得兼作宿舍，因为在施工区内住宿会带来各种危险，如落物伤人，触电或内洞口，临边防护不严而造成事故。如两班作业时，施工噪声影响工人的休息。

2. 施工作业区与办公区及生活区应有明显划分，有隔离和安全防护措施，防止发生事故。

3. 寒冷地区冬季住宿应有保暖措施和防煤气中毒的措施。炉火应统一设置，有专人管理并有岗位责任。

4. 炎热季节宿舍应有消暑和防蚊虫叮咬措施，保证施工人员有充足睡眠。

5. 宿舍内床铺及各种生活用品放置整齐，室内应限定人数，有安全通道，宿舍门向外开，被褥叠放整齐、干净，室内无异味。

6. 宿舍外周围环境卫生好，不乱泼乱倒，应设污物桶，污水池，房屋周围道路平整，室内照明灯具低于 2.4m 时，采用 36V 安全电压，不准在 36V 电线上晾衣服。

（六）现场防火

1. 施工现场应根据施工作业条件订立消防制度或消防措施，并记录落实效果。

2. 按照不同作业条件，合理配备灭火器材。如电气设备附近应设置干粉类不导电的灭火器材；对于设置的泡沫灭火器应有换药日期和防晒措施。灭火器材设置的位置和数量等均应符合有关消防规定。

3. 当建筑施工高度超过 30m 时，为解决单纯依靠消防器材灭火效果不足问题，要求配备有足够的消防水源和自救的用水量，立管直径在 2 吋以上，有足够扬程的高压水泵保证水压和每层设有消防水源接口。

4. 施工现场应建立动火审批制度。凡有明火作业的必须经主管部门审批（审批时应写明要求和注意事项），作业时，应按规定设监护人员，作业后，必须确认无火源危险时方可离开。

（七）治安综合治理

1. 施工现场应在生活区内适当设置工人业余学习和娱乐场所，以使劳动后的人员也能有合理的休息方式。

2. 施工现场应建立治安保卫制度和责任分工并有专人负责

进行检查落实情况。

3. 治安保卫工作不但是直接影响施工现场的安全与否的重要工作，同时也是社会安定所必需，应该措施得利，效果明显。

（八）施工现场标牌

1. 施工现场的进口处应有整齐明显的“五牌一图”。

五牌：工程概况牌

管理人员名单及监督电话牌

消防保卫牌

安全生产牌

文明施工牌

一图：施工现场总平面图

如果有的地区认为内容还应再增加，可按地区要求增加。五牌内容没有作具体规定，可结合本地区，本企业及本工程特点进行要求。

2. 标牌是施工现场重要标志的一项内容，所以不但内容应有针对性，同时标牌制作、标挂也应规范整齐，字体工整。

3. 为进一步对职工做好安全宣传工作，所以要求施工现场在明显处，应有必要的安全内容的标语。

4. 施工现场应该设置读报栏、黑板报等宣传园地，丰富学习内容，表扬好人好事。

（九）生活设施

1. 施工现场应设置符合卫生要求的厕所，有条件的应设水冲式厕所，厕所应有专人负责管理。

2. 建筑物内和施工现场应保持卫生，不准随地大小便。高层建筑施工时，可隔几层设置移动式简易的厕所，以切实解决施工人员的实际问题。

3. 食堂建筑、食堂卫生必须符合有关卫生要求。如炊事员必须有卫生防疫部门颁发的体检合格证、生熟食应分别存放、食堂炊事人员穿白色工作服，食堂卫生定期检查等。

4. 食堂应在明显处张挂卫生责任制并落实到人。

5. 施工现场作业人员应能喝到符合卫生要求的白开水。有固定的盛水容器和有专人管理。

6. 施工现场应按作业人员的数量设置足够使用的淋浴设施，淋浴室在寒冷季节应有暖气、热水，淋浴室应有管理制度和专人管理。

7. 生活垃圾应及时清理，集中运送装入容器，不能与施工垃圾混放，并设专人管理。

（十）保健急救

1. 较大工地应设医务室，有专职医生值班。一般工地无条件设医务室的，应有保健药箱及一般常用药品，并有医生巡回医疗。

2. 为适应临时发生的意外伤害，现场应备有急救器材（如担架等）以便及时抢救，不扩大伤势。

3. 施工现场应有经培训合格的急救人员，懂得一般急救处理知识。

4. 为保障作业人员健康，应在流行病发季节及平时定期开展卫生防病的宣传教育。

（十一）社区服务

1. 工地施工不扰民，应针对施工工艺设置防尘和防噪音设施，做到不超标（施工现场噪声规定不超过85分贝）。

2. 按当地规定，在允许的施工时间之外必须施工时，应有主管部门批准手续，并作好周围工作。

3. 现场不得焚烧有毒、有害物质，应该按照有关规定进行处理。

4. 现场应建立不扰民措施。有责任人管理和检查，或与社区定期联系听取意见，对合理意见应处理及时，工作应有记载。

文明施工检查评分表　　表 3.0.3

序号	检查项目		扣分标准	应得分数	扣减分数	实得分数
1	保证项目	现场围挡	在市区主要路段的工地周围未设置高于2.5m的围挡，扣10分 一般路段的工地周围未设置高于1.8m的围挡，扣10分 围挡材料不坚固、不稳定、不整洁、不美观，扣5～7分 围挡没有沿工地四周连续设置的扣3～5分	10		
2		封闭管理	施工现场进出口无大门的扣3分 无门卫和无门卫制度的扣3分 进入施工现场不佩戴工作卡的扣3分 门头未设置企业标志的扣3分	10		
3		施工场地	工地地面未做硬化处理的扣5分 道路不畅通的扣5分 无排水设施、排水不通畅的扣4分 无防止泥浆、污水、废水外流或堵塞下水道和排水河道措施的扣3分 工地有积水的扣2分 工地未设置吸烟处、随意吸烟的扣2分 温暖季节无绿化布置的扣4分	10		
4		材料堆放	建筑材料、构件、料具不按总平面布局堆放的扣4分 料堆未挂名称、品种、规格等标牌的扣2分 堆放不整齐，扣3分 未做到工完场地清的扣3分 建筑垃圾堆放不整齐、未标出名称、品种的扣3分 易燃易爆物品未分类存放的扣4分	10		
5		现场住宿	在建工程兼作住宿的扣8分 施工作业区与办公、生活区不明显划分的扣6分 宿舍无保暖和防煤气中毒措施的扣5分 宿舍无消暑和防蚊虫叮咬措施的扣3分 无床铺、生活用品放置不整齐的扣2分 宿舍周围环境不卫生、不安全的扣3分	10		
6		现场防火	无消防措施、制度或无灭火器材的扣10分 灭火器材配置不合理的扣5分 无消防水源（高层建筑）或不能满足消防要求，扣8分 无动火审批手续和动火监护的扣5分	10		
		小　计		60		

续表

序号	检查项目		扣分标准	应得分数	扣减分数	实得分数
7	一般项目	治安综合治理	生活区未给工人设置学习和娱乐场所的扣4分 未建立治安保卫制度的、责任未分解到人的扣3～5分 治安防范措施不利，常发生失盗事件的扣3～5分	8		
8		施工现场标牌	大门口处挂的五牌一图，内容不全、缺一项，扣2分 标牌不规范、不整齐的扣3分 无安全标语，扣5分 无宣传栏、读报栏、黑板报等的扣5分	8		
9		生活设施	厕所不符合卫生要求的扣4分 无厕所，随地大小便的扣8分 食堂不符合卫生要求的扣8分 无卫生责任制，扣5分 不能保证供应卫生饮水的扣8分 无淋浴室或淋浴室不符合要求，扣5分 生活垃圾未及时清理，未装容器，无专人管理的扣3～5分	8		
10		保健急救	无保健医药箱的扣5分 无急救措施和急救器材的扣8分 无经培训的急救人员，扣4分 未开展卫生防病宣传教育的扣4分	8		
11		社区服务	无防粉尘、防噪音措施，扣5分 夜间未经许可施工的扣8分 现场焚烧有毒、有害物质的扣5分 未建立施工不扰民措施的扣5分	8		
		小计		40		
检查项目合计				100		

注：1. 每项最多扣减分数不大于该项应得分数。

2. 保证项目有一项不得分或保证项目小计得分不足40分，检查评分表计零分。

3. 该表换算到表3.0.1后得分 $= \dfrac{20\times\text{该表检查项目实得分数合计}}{100}$。

4. 落地式外脚手架检查评分表

(一) 施工方案

1. 脚手架搭设之前，应根据工程的特点和施工工艺确定搭设方案，内容应包括：基础处理、搭设要求、杆件间距及连墙杆设置位置、连接方法，并绘制施工详图及大样图。

2. 脚手架的搭设高度超过规范规定的要进行计算。

(1) 扣件式钢管脚手架搭设尺寸符合下表时，相应杆件可不再进行设计计算。但连墙件及立杆地基承载力等仍应根据实际荷载进行设计计算并绘制施工图。

常用扣件式钢管双排脚手架尺寸 (m)

连墙杆	架宽	大横杆步距	立杆间距				允许搭设高度
			2+4 ×0.35 (kN/m²)	2+2+4 ×0.35 (kN/m²)	3+4 ×0.35 (kN/m²)	3+2+4 ×0.35 (kN/m²)	
二步三跨	1.05	1.20~1.35	2.0	1.8	1.5	1.5	50
		1.80	2.0	1.8	1.5	1.5	50
	1.30	1.20~1.35	1.8	1.5	1.5	1.5	50
		1.80	1.8	1.5	1.5	1.2	50
	1.55	1.20~1.35	1.8	1.5	1.5	1.5	50
		1.80	1.8	1.5	1.5	1.2	43
三步三跨	1.05	1.20~1.35	2.0	1.8	1.5	1.5	50
		1.80	2.0	1.5	1.5	1.5	34
	1.30	1.20~1.35	1.8	1.5	1.5	1.5	50
		1.80	1.8	1.5	1.5	1.2	35

常用扣件式钢管单排脚手架尺寸（m）

连墙杆	架宽	大横杆步距	立杆间距		允许搭设高度
			2+2×0.35（kN/m^2）	3+2×0.35（kN/m^2）	
二步三跨 三步三跨	1.20	1.20～1.35	2.0	1.8	24
		1.80	2.0	1.8	24
	1.40	1.20～1.35	1.8	1.5	24
		1.80	1.8	1.5	24

注：表中考虑脚手架上最多有四层脚手板和1～2层作业层

荷载内容包括：

2+4×0.35（kN/m^2）：一层装修施工荷载（2kN/m^2）+四层脚手板自重（0.35kN/m^2）

2+2+4×0.35（kN/m^2）：二层装修施工荷载+四层脚手板自重

3+4×0.35（kN/m^2）：一层砌筑施工荷载（3kN/m^2）+四层脚手板自重（0.35kN/m^2）

3+2+4×0.35（kN/m^2）：一层砌筑施工荷载+一层装修施工荷载+四层脚手板自重

2+2×0.35（kN/m^2）：一层装修+二层脚手板自重（0.35kN/m^2）

3+2×0.35（kN/m^2）：一层砌筑+二层脚手板自重（0.35kN/m^2）

（2）当搭设高度在25～50m时，应对脚手架整体稳定性从构造上进行加强。如纵向剪刀撑必须连续设置，增加横向剪刀撑，连墙杆的强度相应提高，间距缩小，以及在多风地区对搭设高度超过40m的脚手架，考虑风涡流的上翻力，应在设置水平连墙件的同时，还应有抗上升翻流作用的连墙措施等，以确保脚手架的使用安全。

（3）当搭设高度超过50m时，可采用双立杆加强或采用分段卸荷，沿脚手架全高分段将脚手架与梁板结构用钢丝绳吊拉，将脚手架的部分荷载传给建筑物承担；或采用分段搭设，将各段脚手架荷载传给由建筑物伸出的悬挑梁、架承担，并经设计计算。

（4）对脚手架进行的设计计算必须符合脚手架规范的有关规定，并经企业技术负责人审批。

3．脚手架的施工方案应与施工现场搭设的脚手架类型相符，当现场因故改变脚手架类型时，必须重新修改脚手架方案并经审批后，方可施工。

（二）立杆基础

1．脚手架立杆基础应符合方案要求。

（1）搭设高度在25m以下时，可素土夯实找平，上面铺5cm厚木板，长度为2m时垂直于墙面放置；长度大于3m时平行于墙面放置。

（2）搭设高度在25～50m时，应根据现场地耐力情况设计基础作法或采用回填土分层夯实达到要求时，可用枕木支垫，或在地基上加铺20cm厚道碴，其上铺设混凝土板，再仰铺12～16号槽钢。

（3）搭设高度超过50m时，应进行计算并根据地耐力设计基础作法，或于地面下1m深处采用灰土地基，或浇注50cm厚混凝土基础，其上采用枕木支垫。

2．扣件式钢管脚手架的底座有可锻铸铁制造与焊接底座两种，搭设时应将木垫板铺平，放好底座，再将立杆放入底座内，不准将立杆直接置于木板上，否则将改变垫板受力状态。底座下设置垫板有利于荷载传递，试验表明：标准底座下加设木垫板（板厚5cm，板长≥200cm），可将地基土的承载能力提高5倍以上。当木板长度大于2跨时，将有助于克服两立杆间的不均匀沉陷。

3．当立杆不埋设时，离地面20cm处，设置纵向及横向扫地杆。设置扫地杆的做法与大横杆及小横杆相同，其作用以固定立杆底部，约束立杆水平位移及沉陷，从试验中看，不设置扫地杆的脚手架承载能力也有下降。

4．木脚手架立杆埋设时，可不设置扫地杆。埋设深度30～50cm，坑底应夯实垫碎砖，坑内回填土应分层夯实。

5. 脚手架基础地势较低时，应考虑周围设有排水措施，木脚手架立杆埋设回填土后应留有土墩高出地面，防止下部积水。

（三）架体与建筑结构拉结

1. 脚手架高度在7m以下时，可采用设置抛撑方法以保持脚手架的稳定，当搭设高度超过7m不便设置抛撑时，应与建筑物进行连接。

（1）脚手架与建筑物连接不但可以防止因风荷载而发生的向内或向外倾翻事故，同时可以作为架体的中间约束，减小立杆的计算长度，提高承载能力，保证脚手架的整体稳定性。

（2）连墙杆的间距，一般应按表中规定距离设置。当脚手架搭设高度较高需要缩小连墙杆间距时，减少垂直间距比缩小水平间距更为有效，从脚手架荷载试验中看，连墙杆按二步三跨设置比三步二跨设置时，承载能力提高7%。

（3）连墙杆应靠近节点并从底层第一步大横杆处开始设置。

（4）连墙杆宜靠近主节点设置，距主节点不应大于300mm。

2. 连墙杆必须与建筑结构部位连接，以确保承载能力。

（1）连墙杆位置应在施工方案中确定，并绘制作法详图，不得在作业中随意设置。严禁在脚手架使用期间拆除连墙杆。

（2）连墙杆与建筑物连接作法可作成柔性连接或刚性连接。柔性连接可在墙体内预埋$\phi 8$钢筋环，用双股8号（$\phi 4$）铅丝与架体拉接的同时增加支顶措施，限制脚手架里外两侧变形。当脚手架搭设高度超过24m时，不准采用柔性连接。

（3）在搭设脚手架时，连墙杆应与其他杆件同步搭设；在拆除脚手架时，应在其他杆件拆到连墙杆高度时，最后拆除连墙杆。最后一道连墙杆拆除前，应先设置抛撑后，再拆连墙杆，以确保脚手架拆除过程中的稳定性。

（四）杆件间距与剪刀撑

1. 立杆、大横杆、小横杆等杆件间距应符合规范规定和施工方案要求。当遇门口等处需加大间距时，应按规范规定进行加固。

2. 立杆是脚手架主要受力杆件，间距应均匀设置，不能加大间距，否则降低立杆承载能力；大横杆步距的变化也直接影响脚手架承载能力，当步距由1.2m增加到1.8m时，临界荷载下降27%。

3. 剪刀撑是防止脚手架纵向变形的重要措施，合理设置剪刀撑还可以增强脚手架的整体刚度，提高脚手架承载能力12%以上。

（1）每组剪刀撑跨越立杆根数为5～7根（＞6m），斜杆与地面夹角在45°～60°之间。

（2）高度在24m以下的单、双排脚手架，均必须在外侧立面的两端各设置一组剪刀撑，由底部至顶部随脚手架的搭设连续设置；中间部分可间断设置，各组剪刀撑间距不大于15m。

（3）高度在25m以上的双排脚手架，在外侧立面必须沿长度和高度连续设置。

（4）剪刀撑斜杆应与立杆和伸出的小横杆进行连接，底部斜杆的下端应置于垫板上。

（5）剪刀撑斜杆的接长，均采用搭接，搭接长度不小于0.5m，设置2个旋转扣件。

4. 横向剪刀撑。脚手架搭设高度超过24m时，为增强脚手架横向平面的刚度，可在脚手架拐角处及中间沿纵向每隔6跨，在横向平面内加设斜杆，使之成为"之"字形或"十"字形。遇操作层时可临时拆除，转入其他层时应及时补设。

（五）脚手板与防护栏杆

1. 脚手板是施工人员的作业平台，必须按照脚手架的宽度满铺，板与板之间紧靠。采用对接时，接头处下设两根小横杆；采用搭接时，接槎应顺重车方向；竹笆脚手板应按主竹筋垂直于大横杆方向铺设，且采用对接平铺，四角应用ϕ1.2mm镀锌钢丝固定在大横杆上。

2. 脚手板可采用竹、木、钢脚手板，其材质应符合规范要求。竹脚手板应采用由毛竹或楠竹制作的竹串片板、竹笆板。竹板必须是穿钉牢固，无残缺竹片的；木脚手板应是5cm厚，非脆性木材（如桦木等）无腐朽、劈裂板；钢脚手板用2mm厚板材冲压制成，如有锈蚀、裂纹者不能使用。

3. 凡脚手板伸出小横杆以外大于20cm的称为探头板。由于目前铺设脚手板大多不与脚手架绑扎牢固，若遇探头板有可能造成坠落事故，为此必须严禁探头板出现。当操作层不需沿脚手架长度满铺脚手板时，可在端部采用护栏及立网将作业面限定，把探头板封闭在作业面以外。

4. 脚手架的外侧应按规定设置密目安全网，安全网设置在外排立杆的里面。密目网必须用合乎要求的系绳将网周边每隔45cm（每个环扣间隔）系牢在脚手管上。

5. 遇作业层时，还要在脚手架外侧大横杆与脚手板之间，按临边防护的要求设置防护拦杆和挡脚板，防止作业人员坠落和脚手板上物料滚落。

（六）交底与验收

1. 脚手架搭设前，施工负责人应按照施工方案要求，结合施工现场作业条件和队伍情况，做详细的交底，并有专人指挥。

2. 脚手架搭设完毕，应由施工负责人组织，有关人员参加，按照施工方案和规范分段进行逐项检查验收，确认符合要求后，方可投入使用。

3. 检验标准：(应按照相应规范要求进行)

（1）钢管立杆纵距偏差为±50mm。

（2）钢管立杆垂直度偏差不大于$\frac{1}{100H}$，且不大于10cm（H为总高度)。

（3）扣件紧固力矩为：40～50N·m，不大于65N·m。抽查安装数量的5%，扣件不合格数量不多于抽查数量的10%。

（4）扣件紧固程度直接影响脚手架的承载能力。试验表明，当扣件螺栓扭力矩为30N·m时，比40N·m时的脚手架承载能力下降20%。

4. 对脚手架检查验收按规范规定进行，凡不符合规定的应立即进行整改，对检查结果及整改情况，应按实测数据进行记录，并由检测人员签字。

（七）小横杆设置

1. 规范规定应该在立杆与大横杆的交点处设置小横杆，小横杆应紧靠立杆用扣件与大横杆扣牢。设置小横杆的作用有三：一是承受脚手板传来的荷载；二是增强脚手架横向平面的刚度；三是约束双排脚手架里外两排立杆的侧向变形，与大横杆组成一个刚性平面，缩小立杆的长细比，提高立杆的承载能力。当遇作业层时，应在两立杆中间再增加一道小横杆，以缩小脚手板的跨度，当作业层转入其他层时，中间处小横杆可以随脚手板一同拆除，但交点处小横杆不应拆除。

2. 双排脚手架搭设的小横杆，必须在小横杆的两端与里外排大横杆扣牢，否则双排脚手架将变成两片脚手架，不能共同工作，失去脚手架的整体性；当使用竹笆脚手板时，双排脚手架的小横杆两端应固定在立杆上，大横杆搁置在小横杆上固定，大横杆间距≤40cm。

3. 单排脚手架小横杆的设置位置，与双排脚手架相同。不能用于半砖墙、18cm墙、轻质墙、土坯墙等稳定性差的墙体。小横杆在墙上的搁置长度不应小于18cm，小横杆入墙过小一是影响支点强度，另外单排脚手架产生变形时，小横杆容易拔出。

（八）杆件搭接

1. 木脚手架的立杆及大横杆的接长应采用搭接方法，搭接长度不小于1.5m并应大于步距和跨距，防止受力后产生转动。

2. 钢管脚手架的立杆及大横杆的接长应采用对接方法。立杆若采用搭接，当受力时，因扣件的销轴受剪，降低承载能力，试验表明：对接扣件的承载能力比搭接大2倍以上；大横杆采用对接可使小横杆在同一水平面上，利于脚手架搭设；剪刀撑由于受拉（压），所以接长时应采用搭接，搭接长度不小于 50cm，接头处设置扣件不少于两个。考虑脚手架的各杆件接头处传力性能差，所以接头应交错排列不得设置在一个平面内。

（九）架体内封闭

1. 脚手架铺设脚手板一般应至少两层，上层为作业层下层为防护层，当作业层脚手板发生问题而落人落物时，下层有一层起防护作用。当作业层的脚手板下无防护层时，应尽量靠近作业层处挂一层平网作防护层，平网不应离作业层过远，应防止坠落时平网与作业层之间小横杆的伤害。

2. 当作业层脚手板与建筑物之间缝隙（≥15cm）已构成落物、落人危险时，也应采取防护措施，不使落物对作业层以下发生伤害。

（十）脚手架材质

1. 木脚手架应采用质轻坚韧的剥皮杉杆或落叶松，不得使用质脆、腐朽及有枯节木材。立杆梢径不小于 7cm，横杆梢径不小于 8cm。

2. 钢管材质一般应使用 Q235（3 号钢）钢材，外径 48mm（51mm）、壁厚 3.5mm 的焊接钢管，小横杆长度 2.1～2.3m 为宜，立杆、大横杆的长度 4～4.5m 为宜（不超过 6.5m），其重量控制在每根 25kg 以内，便于操作。锈蚀、变形超过规定的禁止使用。

扣件由可锻铸铁制成，当扣件螺栓拧紧，扭力矩为 40～50N·m时，扣件本身所具有的抗滑、抗旋转和抗拔能力均能满足实际使用要求。

3. 关于取消竹脚手架。

这次制订检查标准时取消了竹脚手架，因为原国家规程规定，作为脚手架的材质必须为 4 年生长期竹杆梢经不小于 7.5cm 的竹材，而目前各地搭设脚手架的材质远远达不到这一要求，直接影响了脚手架的承载能力。另外，一些地区对竹脚手架的搭设高度也未进行严格控制（$H \leqslant 25m$），使搭设后的脚手架弯曲变形没有安全保障。

4. 脚手架搭设必须选用同一种材质，当不同材质混搭时，节点的传力不合理，判定为不合格脚手架，检查表不得分。

（十一）通道

1. 各类人员上下脚手架必须在专门设置的人行通道（斜道）行走，不准攀爬脚手架，通道可附着在脚手架设置，也可靠近建筑物独立设置。

2. 通道（斜道）构造要求：

（1）人行通道宽度不小于1m，坡度宜用1:3；运料斜道宽度不小于1.5m，坡度1:6。

（2）拐弯处应设平台，通道及平台按临边防护要求设置防护栏杆及挡脚板。

（3）脚手板横铺时，横向水平杆中间增设纵向斜杆；脚手板顺铺时，接头采用搭接，下面板压住上面板。

（4）通道应设防滑条，间距不大于30cm。

（十二）卸料平台

1. 施工现场所用各种卸料平台，必须单独专门做出设计并绘制施工图纸。

2. 卸料平台的施工荷载一般可按砌筑脚手架施工荷载$3kN/m^2$计算，当有特殊要求时，按要求进行设计。

卸料平台应制作成定型化、工具化的结构，无论采用钢丝绳吊拉或型钢支承式，都应能简单合理的与建筑结构连接。

3. 卸料平台应自成受力系统，禁止与脚手架连接，防止给脚手架增加不利荷载，影响脚手架的稳定和平台的安全使用。

4. 卸料平台应便于操作，脚手板铺平绑牢，周围设置防护栏杆及挡脚板并用密目网封严，平台应在明显处设置标志牌，规定使用要求和限定荷载。

落地式外脚手架检查评分表 表 3.0.4-1

序号	检查项目		扣分标准	应得分数	扣减分数	实得分数
1	保证项目	施工方案	脚手架无施工方案的扣 10 分 脚手架高度超过规范规定无设计计算书或未经审批的扣 10 分 施工方案，不能指导施工的扣 5～8 分	10		
2		立杆基础	每10 延长米立杆基础不平、不实、不符合方案设计要求，扣 2 分 每 10 延长米立杆缺少底座、垫木，扣 5 分 每 10 延长米无扫地杆，扣 5 分 每10 延长米木脚手架立杆不埋地或无扫地杆，扣 5 分 每 10 延长米无排水措施，扣 3 分	10		
3		架体与建筑结构拉结	脚手架高度 7m 以上，架体与建筑结构拉结，按规定要求每少一处，扣 2 分 拉结不坚固每一处，扣 1 分	10		
4		杆件间距与剪刀撑	每10 延长米立杆、大横杆、小横杆间距超过规定要求每一处，扣 2 分 不按规定设置剪刀撑的每一处，扣 5 分 剪刀撑未沿脚手架高度连续设置或角度不符合要求，扣 5 分	10		
5		脚手板与防护栏杆	脚手板不满铺，扣 7～10 分 脚手板材质不符合要求，扣 7～10 分 每有一处探头板，扣 2 分 脚手架外侧未设置密目式安全网或网间不严密的扣 7～10 分 施工层不设 1.2m 高防护栏杆和 18cm 高挡脚板的扣 5 分	10		
6		交底与验收	脚手架搭设前无交底，扣 5 分 脚手架搭设完毕未办理验收手续，扣 10 分 无量化的验收内容，扣 5 分	10		
		小 计		60		

续表

序号	检查项目		扣 分 标 准	应得分数	扣减分数	实得分数
7	一般项目	小横杆设置	不按立杆与大横杆交点处设置小横杆的，每有一处，扣2分 小横杆只固定一端的每有一处扣1分 单排架子小横杆插入墙内小于24cm的每有一处，扣2分	10		
8		杆件搭接	木立杆、大横杆每一处搭接小于1.5m，扣1分 钢管立杆采用搭接的每一处，扣2分	5		
9		架体内封闭	施工层以下每隔10m未用平网或其他措施封闭的扣5分 施工层脚手架内立杆与建筑物之间未进行封闭的扣5分	5		
10		脚手架材质	木杆直径、材质不符合要求的扣4～5分 钢管弯曲、锈蚀严重的扣4～5分	5		
11		通道	架体不设上下通道的扣5分 通道设置不符合要求的扣1～3分	5		
12		卸料平台	卸料平台未经设计计算，扣10分 卸料平台搭设不符合设计要求，扣10分 卸料平台支撑系统与脚手架连结的扣8分 卸料平台无限定荷载标牌的扣3分	10		
		小计		40		
检查项目合计				100		

注：1. 发现脚手架钢木、钢竹混合搭设或竹脚手架搭设单排架，检查评分表计零分。

2. 每项最多扣减分数不大于该项应得分数。

3. 保证项目有一项不得分或保证项目小计得分不足40分，检查评分表计零分。

4. 该表换算到表3.0.1后得分 $=\dfrac{10\times\text{该表检查项目实得分数合计}}{100}$。

5. 悬挑式脚手架检查评分表

悬挑式脚手架一般有两种：一种是每层一挑，将立杆底部顶在楼板、梁或墙体等建筑部位，向外倾斜固定后，在其上部搭设横杆、铺脚手板形成施工层，施工一个层高，待转入上层后，再重新搭设脚手架，提供上一层施工；另外一种是多层悬挑，将全高的脚手架分成若干段，每段搭设高度不超过25m，利用悬挑梁或悬挑架作脚手架基础分段悬挑分段搭设脚手架，利用此种方法可以搭设超过50m以上的脚手架。

（一）施工方案

1. 悬挑脚手架在搭设之前，应制定搭设方案并绘制施工图指导施工。对于多层悬挑的脚手架，必须经设计计算确定。其内容包括：悬挑梁或悬挑架的选材及搭设方法，悬挑梁的强度、刚度、抗倾覆验算，与建筑结构连接做法及要求，上部脚手架立杆与悬挑梁的连接等。悬挑架的节点应该采用焊接或螺栓连接，不得采用扣件连接作法。其计算书及施工方案应经上级技术部门或总工审批。

2. 施工方案应对立杆的稳定措施、悬挑梁与建筑结构的连接等关键部位，绘制大样详图指导施工。

（二）悬挑梁及架体稳定

1. 单层悬挑的脚手架的稳定关键在斜挑立杆的稳定与否，施工中往往将斜立杆连接在支模的立柱上，这种作法不允许。必须采取措施与建筑结构连接，确保荷载传给建筑结构承担。

2. 多层悬挑可采用悬挑梁或悬挑架。悬挑梁尾端固定在钢筋混凝土楼板上，另一端悬挑出楼板。悬挑梁按立杆间距（1.5m）布置，梁上焊短管作底座，脚手架立杆插入固定，然后绑扫地杆；也可采用悬挑架结构，将一段高度的脚手架荷载全部传给底部的悬挑架承担，悬挑架本身即形成一刚性框架，可采用型钢或钢管制作，但节点必须是螺栓连接或焊接的刚性节点，不得采用扣件连接，悬挑架与建筑结构的固定方法经计算确定。

3. 无论是单层悬挑还是多层悬挑，其立杆的底部必须支托在牢靠的地方，并有固定措施确保底部不发生位移。

4. 多层悬挑每段搭设的脚手架，应该按照一般落地脚手架搭设规定，垂直不大于二步，水平不大于三跨与建筑结构拉接，以保证架体的稳定。

（三）脚手板

1. 必须按照脚手架的宽度满铺脚手板，板与板之间紧靠，脚手板平接或搭接应符合要求，板面应平稳，板与小横杆放置牢靠。

2. 脚手板的材质及规格应符合规范要求。

3. 不允许出现探头板。

（四）荷载

1. 悬挑脚手架施工荷载一般可按装饰架 $2kN/m^2$ 计算，有特殊要求时，按施工方案规定，施工中不准超载使用。

2. 在悬挑架上不准存放大量材料、过重的设备，施工人员作业时，尽量分散脚手架的荷载，严禁利用脚手架穿滑车做垂直运输。

（五）交底与验收

1. 脚手架搭设之前，施工负责人必须组织作业人员进行交底；搭设后组织有关人员按照施工方案要求进行检查验收，确认符合要求方可投入使用。

2. 交底、检查验收工作必须严肃认真进行，要对检查情况、整改结果填写记录内容，并有签字。

（六）杆件间距

1. 立杆间距必须按施工方案规定，需要加大时必须修改方案，立杆的倾斜角度也不准随意改变。

2. 单层悬挑脚手架的立杆，应该按 1.5～1.8m 步距设置大横杆，并按落地式脚手架作业层的要求设置小横杆。

3. 多层悬挑每段脚手架的搭设要求按落地式脚手架立杆、大横杆、小横杆及剪刀撑的规定进行。

（七）架体防护

1. 悬挑脚手架的作业层外侧，应按照临边防护的规定设置防护栏杆和挡脚板，防止人、物的坠落。

2. 架体外侧用密目网封严。

(1) 单层悬挑架包括防护栏杆及斜立杆部分，全部用密目网封严。

(2) 多层悬挑架上搭设的脚手架，仍按落地式脚手架的要求，用密目网封严。

（八）层间防护

1. 按照规定作业层下应有一道防护层，防止作业层人及物的坠落。

(1) 单层悬挑架一般只搭设一层脚手板为作业层，故须在紧贴脚手板下部挂一道平网作防护层，当在脚手板下挂平网有困难时，也可沿外挑斜立杆的密目网里侧斜挂一道平网，作为人员坠落的防护层。

(2) 多层悬挑搭设的脚手架，仍按落地式脚手架的要求，不但有作业层下部的防护，还应在作业层脚手板与建筑物墙体缝隙过大时增加防护，防止人及物的坠落。

2. 安全网作防护层必须封挂严密牢靠，密目网用于立网防护，水平防护时必须采用平网，不准用立网代替平网。

（九）脚手架材质

脚手架材质要求同落地式脚手架，杆件、扣件、脚手板等施工用材必须符合规范规定。

悬挑梁、悬挑架的用材、应符合钢结构设计规范的有关规定，应有试验报告资料。

悬挑式脚手架检查评分表　　　　　表 3.0.4-2

序号	检查项目		扣分标准	应得分数	扣减分数	实得分数
1	保证项目	施工方案	脚手架无施工方案、设计计算书或未经上级审批的扣 10 分 施工方案中搭设方法不具体的扣 6 分	10		
2		悬挑梁及架体稳定	外挑杆件与建筑结构连接不牢固的每有一处，扣 5 分 悬挑梁安装不符合设计要求的每有一处，扣 5 分 立杆底部固定不牢的每有一处，扣 3 分 架体未按规定与建筑结构拉结的每一处扣 5 分	20		
3		脚手板	脚手板铺设不严、不牢，扣 7～10 分 脚手板材质不符合要求，扣 7～10 分 每有一处探头板，扣 2 分	10		
4		荷载	脚手架荷载超过规定，扣 10 分 施工荷载堆放不均匀每有一处，扣 5 分	10		
5		交底与验收	脚手架搭设不符合方案要求，扣 7～10 分 每段脚手架搭设后，无验收资料，扣 5 分 无交底记录，扣 5 分	10		
		小计		60		
6	一般项目	杆件间距	每 10 延长米立杆间距超过规定，扣 5 分 大横杆间距超过规定，扣 5 分	10		
7		架体防护	施工层外侧未设置 1.2m 高防护栏杆和未设 18cm 高的挡脚板，扣 5 分 脚手架外侧不挂密目式安全网或网间不严密，扣 7～10 分	10		
8		层间防护	作业层下无平网或其他措施防护的扣 10 分 防护不严的扣 5 分	10		
9		脚手架材质	杆件直径、型钢规格及材质不符合要求的扣 7～10 分	10		
		小计		40		
检查项目合计				100		

注：1．发现脚手架钢木、钢竹混合搭设，检查评分表计零分。

2．每项最多扣减分数不大于该项应得分数。

3．保证项目有一项不得分或保证项目小计得分不足 40 分，检查评分表计零分。

4．该表换算到表 3.0.1 后得分 $=\dfrac{10\times \text{该表检查项目实得分数合计}}{100}$。

6. 门型脚手架检查评分表

门型脚手架也称门式钢管脚手架，门型架使用首先组成基本单元，其主要部件包括门型框架、交叉支撑和水平梁架等，门架立杆的竖直方向采用连接棒和锁臂接高，纵向使用交叉支撑连接门架立杆，在架顶水平面使用挂扣式脚手板或水平梁架。这些基本组合单元相互连接，逐层叠高，左右伸展，再设置水平加固件、剪刀撑及连墙杆等，便构成整体门型脚手架。

（一）施工方案

1. 门架的选型应根据建筑物的形状、高度和作业条件确定，并绘制搭设构造及节点详图。

2. 脚手架搭设高度一般限定在45m以下。高度在20m以下，可同时四层作业；高度在35m以下可同时三层作业；高度在45m以下可同时两层作业。当降低施工荷载并缩小连墙杆的间距后，脚手架搭设高度可增至到60m。

3. 当脚手架搭设高度超过60m时，应进行设计计算，采用分段搭设方法进行。其设计计算应经上级技术部门或总工审批。

（二）架体基础

1. 立杆基础应平整夯实。

（1）搭设高度在25m以下时，原土夯实，其上垫5cm厚木板。

（2）搭设高度在25～45m时，原土夯实，其上铺15cm厚道渣夯实，再铺木板或槽钢。

（3）搭设高度超过45m时，应对基础进行设计计算确定。

2. 底步门架下端纵横设置扫地杆，用于调整和减少门架的不均匀沉降。

（三）架体稳定

1. 门架的内外侧均应设交叉支撑，其尺寸应与门架间距相匹配，并与门架立杆锁牢。

（1）连墙件的设置：架高 45m 以下时，垂直≤6m，每两层设一处，水平≤8m；架高 45～60m 时，垂直≤4m（每层设一处），水平≤6m，并应符合规范规定。

（2）水平架的设置要求：架高 45m 以下时，每两步门架设置一道；架高 45～60m 时，水平架应每步门架设置一道。（当采用挂扣式脚手板时，可不设置水平架）。

2. 连墙件的设置应按规定间距随脚手架搭设同步进行不得漏设。连墙件应采用刚性作法，其承载力不小于 10kN，靠近门架横梁设置。脚手架转角处及一字型或非闭合的脚手架两端应增设连墙件。

3. 剪刀撑设置要求：

（1）脚手架高超过 20m，应在脚手架外侧每隔 4 步设置一道，并形成水平闭合圈。剪刀撑沿脚手架高度与脚手架同步搭设。

（2）剪刀撑宽度为 4～8m，与地面夹角 45°～60°。

（3）剪刀撑接长采用搭接，搭接长度应≥50cm，用两个扣件扣牢。

4. 脚手架搭设应与主体高度相适应，一次搭设高度不应超过最上层连墙点二步以上（或自由高度≤4m）。脚手架随搭设随校正垂直度，沿墙面纵向垂直偏差应≤$H/600$ 及 50mm（H 为脚手架高度）。应该严格控制首层门架的垂直度和水平度，使门架立杆在两个方向的垂直偏差均在 2mm 以内，顶部水平偏差控制在 5mm 以内。安装门架时，上下门架立杆对齐，对中偏差不应大于 3mm。

（四）杆件、锁件

1. 不同产品的门架与零配件不得混合使用。上下门架的组装必须设置连接棒及锁臂。加固件、剪刀撑及连墙件的安装必须与脚手架同步进行。

2. 门型架内外侧均应设置交叉支撑，并与门架立杆上的锁销锁牢，由于施工要求需要拆除内侧交叉支撑时，应在门架单元上、下设置水平架，施工完毕后，立即恢复交叉支撑以保证架体稳定。

门架安装应自一端向另一端延伸，不得相间进行，搭完一部架后，应检查调整水平度及垂直度。各部件的锁臂、搭钩必须处于锁住状态。

（五）脚手板

1. 作业层应连续满铺挂扣式脚手板，脚手板搭钩应与门架横梁扣紧，用滑动挡板锁牢。

2. 当采用其他一般脚手板时，应将脚手板与门架横杆用铅丝绑牢，严禁出现探头板。并沿脚手架高度每步设置一道水平加固杆或设置水平架，加强脚手架的稳定。

（六）交底与验收

1. 脚手架搭设前，施工负责人应按照施工方案的要求，结合施工现场作业条件和队伍情况，做详细交底，并确定指挥人员。

2. 脚手架搭设完毕，应由施工负责人组织有关人员参加，按照施工方案和规范要求进行逐项检查验收，确认符合要求后，方可投入使用。

3. 对脚手架检查验收应按规范规定进行，凡不符合规定的应立即整改，对检查结果及整改情况，应按实测数据进行记录，并由检测人员签字。

（七）架体防护

1. 作业层外侧应按临边防护要求，设置两道防护栏杆和挡脚板，防止作业人员坠落和脚手板上物料滚落。

2. 脚手架的外侧应按规定设置密目安全网。密目网必须使用合乎要求的系绳将网周边每隔 45cm（每个环间隔）系牢在脚手杆上。

（八）材质

1. 门架及其配件的规格、质量应符合《门式钢管脚手架》JGJ76 的规定，并应有出厂合格证书及产品标志。

2. 门架平面外弯曲应≤4mm、可轻微锈蚀、立杆中—中间距差±5mm，其他配件弯曲应≤3mm、无裂纹、可轻微锈蚀者为合格，或按规范规定标准检验。

3. 一般质量检查可按不同情况分为甲、乙、丙三类。

甲类：有轻微变形、损伤、锈蚀，经简单处理后，重新油漆保养可继续使用。

乙类：有一定轻度损伤、变形和锈蚀，但经矫直、平整、更换部件、修复、除锈油漆等，可继续使用。

丙类：主要受力杆件变形较严重、锈蚀面积达 50% 以上、有片状剥落、不能修复和经性能试验不能满足要求的，应报废处理。

（九）荷载

1. 门型脚手架施工荷载：结构架 $3kN/m^2$，装饰架 $2kN/m^2$。施工中脚手架堆料数量和作业人员不应超过规定。

2. 避免集中堆料和较重设备，防止脚手架变形和脚手板断裂。

3. 脚手架上同时有两个以上作业层时，在一个架距内作业层的施工均布荷载总和不得超过 $5kN/m^2$。

（十）通道

1. 禁止在脚手架外侧任意攀登，不但易发生人身事故，同时由于交叉支撑本身刚度差，产生变形后影响脚手架的正常使用。

2. 门型架有钢制梯配件，专门为提供作业人员上下使用，由钢梯梁、踏板、搭钩等组成。钢梯挂扣在相邻上下两步门架的横杆上，用防滑脱挡板与横杆锁扣牢固。

门型脚手架检查评分表　　表 3.0.4-3

<table>
<tr><th>序号</th><th colspan="2">检查项目</th><th>扣分标准</th><th>应得分数</th><th>扣减分数</th><th>实得分数</th></tr>
<tr><td>1</td><td rowspan="7">保证项目</td><td>施工方案</td><td>脚手架无施工方案，扣 10 分
施工方案不符合规范要求，扣 5 分
脚手架高度超过规范规定，无设计计算书或未经上级审批，扣 10 分</td><td>10</td><td></td><td></td></tr>
<tr><td>2</td><td>架体基础</td><td>脚手架基础不平、不实、无垫木，扣 10 分
脚手架底部不加扫地杆，扣 5 分</td><td>10</td><td></td><td></td></tr>
<tr><td>3</td><td>架体稳定</td><td>不按规定间距与墙体拉结的每有一处扣 5 分
拉结不牢固的每有一处扣 5 分
不按规定设置剪刀撑的扣 5 分
不按规定高度作整体加固的扣 5 分
门架立杆垂直偏差超过规定的扣 5 分</td><td>10</td><td></td><td></td></tr>
<tr><td>4</td><td>杆件、锁件</td><td>未按说明书规定组装，有漏装杆件和锁件的扣 6 分
脚手架组装不牢，每一处紧固不合要求的扣 1 分</td><td>10</td><td></td><td></td></tr>
<tr><td>5</td><td>脚手板</td><td>脚手板不满铺，离墙大于 10cm 以上的扣 5 分
脚手板不牢、不稳、材质不合要求的扣 5 分</td><td>10</td><td></td><td></td></tr>
<tr><td>6</td><td>交底与验收</td><td>脚手架搭设无交底，扣 6 分
未办理分段验收手续，扣 4 分
无交底记录，扣 5 分</td><td>10</td><td></td><td></td></tr>
<tr><td></td><td>小　计</td><td></td><td>60</td><td></td><td></td></tr>
</table>

续表

序号	检查项目		扣分标准	应得分数	扣减分数	实得分数
7	一般项目	架体防护	施工层外侧未设置1.2m高防护栏杆和18cm高的挡脚板，扣5分 架体外侧未挂密目式安全网或网间不严密，扣8~10分	10		
8		材质	杆件变形严重的扣10分 局部开焊的扣10分 杆件锈蚀未刷防锈漆的扣5分	10		
9		荷载	施工荷载超过规定的扣10分 脚手架荷载堆放不均匀的每有一处扣5分	10		
10		通道	不设置上下专用通道的扣10分 通道设置不符合要求的扣5分	10		
		小计		40		
检查项目合计				100		

注：1. 每项最多扣减分数不大于该项应得分数。

2. 保证项目有一项不得分或保证项目小计得分不足40分，检查评分表计零分。

3. 该表换算到表3.0.1后得分 $=\frac{10\times \text{该表检查项目实得分数合计}}{100}$。

7. 挂脚手架检查评分表

挂脚手架是采用型钢焊制成定型刚架，用挂钩等措施挂在建筑结构内埋设的钩环或预留洞中穿设的挂钩螺栓，随结构施工往上逐层提升。挂脚手架制作简单、用料少，主要用于多层建筑的外墙粉刷、勾缝等作业，但由于稳定性差，如使用不当易发生事故。

（一）施工方案

1. 使用挂脚手架应视工程情况编制施工方案。挂脚手架设计的关键是悬挂点，对预埋钢筋环或采用穿墙螺栓方法都必须有足够强度和使用安全。由于外挂脚手架对建筑结构附加了较大的外荷载，所以也要验算建筑结构的强度和稳定。脚手架在投入使用前应按 $2kN/m^2$ 均布荷载试压不少于 4 小时，对悬挂点及挂架的焊接情况进行检查确认。

2. 施工方案应详细、具体有针对性，其设计计算及施工详图应经上级技术负责人审批。

（二）制作组装

1. 架体选材及规格必须按施工方案要求进行，应按设计要求选用焊条、焊缝并按规范规定检验。

2. 悬挂点的具体作法及要求应有施工详图和制作要求，施工现场要对所有悬挂点逐个检验符合设计要求时，方可使用。

3. 由于挂脚手架脚手板的支承点即为挂架，所以挂脚手架间距不得大于 2m，否则脚手板跨度过大承受荷载后，变形大容易发生断裂事故。

（三）材质

1. 使用钢材及焊条应有材质证明书。重复使用的钢架应认真检查，往往因拆除时，钢架从高处往下扔，造成局部开焊或变形，必须修复合格后再使用。

2. 钢材应经防锈处理，经检查发现锈蚀者，在确认不影响材质时方可继续使用。

（四）脚手板

1. 铺设脚手板时，首先检查挂脚手架切实挂牢后才可进行。脚手板必须使用5cm厚木板，不得使用竹脚手板。应该认真挑选无枯节、腐朽韧性好的木板，板必须长出支点20cm以上。

2. 脚手板要铺满铺严，沿长度方向搭接后与脚手架绑扎牢固。

3. 禁止出现探头板，当遇拐角处应将挂架子用立网封闭，把探头板封在外面；或另采用可靠措施，将脚手板通长交错铺严，避免探头板。

（五）交底与验收

1. 脚手架进场搭设前，应由施工负责人确定专人按施工方案质量要求逐片检验，对不合格的挂架进行修复，修复后仍不合格者应报废处理。

2. 正式使用前，先按要求进行荷载试验，确认脚手架符合设计要求。

3. 对检验和试验都应有正式格式和内容要求的文字资料，并由负责人签字。

4. 正式搭设或使用前，应由施工负责人进行详细交底并进行检查，防止发生事故。

（六）荷载

1. 挂脚手架属工具式脚手架，施工荷载为$1kN/m^2$，不能超载使用。

2. 一般每跨不大于2m，作业人员不超过2人，也不能有过多存料，避免荷载集中。

（七）架体防护

1. 每片挂脚手架外侧应同时装有立杆，用以设置两道防护栏杆，其下部设置挡脚板。

2. 挂脚手架外侧必须用密目网封闭，脚手架下部的建筑如有门窗等洞口时，也应进行防护。

3. 脚手板底部应设置防护层，防止作业层发生坠落事故。可采用平网紧贴脚手板底部兜严，或同时采用密目网与平网双层网兜严，防止落人落物。

（八）安装人员

1. 挂脚手架的安装与拆除作业较危险，必须选用有经验的架子工和参加专门培训挂脚手架作业的人员，防止工作中发生事故。

2. 在挂脚手架及铺设脚手板时，由于底部无平网防护，作业人员必须系牢安全带。

挂脚手架检查评分表　　　　表 3.0.4-4

序号	检查项目		扣分标准	应得分数	扣减分数	实得分数
1	保证项目	施工方案	脚手架无施工方案、设计计算书扣10分 施工方案未经审批，扣10分 施工方案措施不具体、指导性差，扣5分	10		
2		制作组装	架体制作与组装不符合设计要求，扣17～20分 悬挂点无设计或设计不合理，扣20分 悬挂点部件制作及埋设不合设计要求，扣15分 悬挂点间距超过2m，每有一处，扣20分	20		
3		材质	材质不符合设计要求，杆件严重变形、局部开焊，扣10分 杆件部件锈蚀未刷防锈漆，扣4～6分	10		
4		脚手板	脚手板铺设不满、不牢的扣8分 脚手板材质不符合要求的扣6分 每有一处探头板的扣8分	10		
5		交底与验收	脚手架进场无验收手续，扣10分 第一次使用前未经荷载试验，扣8分 每次使用前未经检查验收或资料不全，扣6分 无交底记录，扣5分	10		
		小计		60		
6	一般项目	荷载	施工荷载超过1kN的扣5分 每跨（不大于2m）超过2人作业的扣10分	15		
7		架体防护	施工层外侧未设置1.2m高防护栏杆和未设18cm高的挡脚板，扣5分 脚手架外侧未用密目式安全网封闭或封闭不严，扣12～15分 脚手架底部封闭不严密，扣10分	15		
8		安装人员	安装脚手架人员未经专业培训，扣10分 安装人员未系安全带，扣10分	10		
		小计		40		
检查项目合计				100		

注：1. 发现脚手架钢木、钢竹混合搭设，检查评分表计零分。

2. 每项最多扣减分数不大于该项应得分数。

3. 保证项目有一项不得分或保证项目小计得分不足40分，检查评分表计零分。

4. 该表换算到表3.0.1后得分 $= \frac{10\times \text{该表检查项目实得分数合计}}{100}$。

8. 吊篮脚手架检查评分表

吊篮主要用于高层建筑施工的装修作业，用型钢预制成吊篮架子，通过钢丝绳悬挂在建筑物顶部的悬挑梁（架）上，吊篮可随作业要求进行升降，其动力有手动与电动葫芦两种。吊篮脚手架简易实用，大多根据工程特点自行设计。

（一）施工方案

1．使用吊篮脚手架应结合工程情况编制施工方案：

（1）吊篮脚手架的设计制作应符合 JG/T5032—93《高处作业吊篮》及《编制建筑施工脚手架安全技术标准的统一规定》，并经企业技术负责人审核批准。

（2）当使用厂家生产的产品时，应有产品合格证书及安装、使用、维护说明书等有关资料。

2．吊篮平台的宽度 0.8～1m，长度不宜超过 6m。

3．吊篮脚手架的设计计算：

（1）吊篮及挑梁应进行强度、刚度和稳定性验算，抗倾覆系数比值≥2。

（2）吊篮平台及挑梁结构按概率极限状态法计算，其分项系数：永久荷载 γ_G 取 1.2，可变荷载 γ_Q 取 1.4，荷载变化系数 γ_2（升降工况）取 2。

（3）提升机构按容许应力法计算，其安全系数：钢丝绳 $K=10$，手扳葫芦 $K\geqslant2$（按材料屈服强度值）。

4．施工方案中必须对阳台及建筑物转角处等特殊部位的挑梁、吊篮设置予以详细说明，并绘制施工详图。

（二）制作组装

1．悬挑梁挑出长度应使吊篮钢丝绳垂直地面，并在挑梁两端分别用纵向水平杆将挑梁连接成整体。挑梁必须与建筑结构连接牢靠；当采用压重时，应确认配重的质量，并有固定措施，防止配重产生位移。

2. 吊篮平台可采用焊接或螺栓连接，不允许使用钢管扣件连接方法组装。吊篮平台组装后，应经2倍的均布额定荷载试压（不少于4h）确认，并标明允许载重量。

3. 吊篮提升机应符合JG/T5033—93《高处作业吊篮用提升机》的规定。当采用老型手扳葫芦时，按照《HSS钢丝绳手扳葫芦》的规定，应将承载能力降为额定荷载的1/3。提升机应有产品合格证及说明书，在投入使用前应逐台进行动作检验，并按批量做荷载试验。

（三）安全装置

1. 保险卡（闭锁装置）。

手扳葫芦应装设保险卡，防止吊篮平台在正常工作情况下发生自动下滑事故。

2. 安全锁。

（1）吊篮必须装有安全锁，并在各吊篮平台悬挂处增设一根与提升钢丝绳相同型号的保险绳（直径≥12.5mm），每根保险绳上安装安全锁。

（2）安全锁应能使吊篮平台在下滑速度大于25m/min时动作，并在下滑距离100mm以内停住。

（3）安全锁的设计、制作、试验应符合JG5043—93《高处作业吊篮用安全锁》的规定。并按规定时间（一年）内对安全锁进行标定，当超过标定期限时，应重新标定。

3. 行程限位器。

当使用电动提升机时，应在吊篮平台上下两个方向装设行程限位器，对其上下运行位置、距离进行限定。

4. 制动器

电动提升机构一般应配两套独立的制动器，每套均可使带有额定荷载125%的吊篮平台停住。

5. 保险措施

（1）钢丝绳与悬挑梁连接应有防止钢丝绳受剪措施。

（2）钢丝绳与吊篮平台连接应使用卡环。当使用吊钩时，应有防止钢丝绳脱出的保险装置。

（3）在吊篮内作业人员应配安全带，不应将安全带系挂在提升钢丝绳上，防止提升绳断开。

（四）脚手板

1. 吊篮属于定型工具式脚手架，脚手板也应按照吊篮的规格尺寸采用定型板，严密平整与架子固定牢靠。

2. 脚手板材质应按一般脚手架要求检验，木板厚度不小于5cm；采用钢板时，应有防滑措施。

3. 不能出现探头板，当双层吊篮需设孔洞时，应增加固定措施。

（五）升降操作

1. 吊篮升降作业应由经过培训的人员专门负责，并相对固定，如有人员变动必须重新培训熟悉作业环境。

2. 吊篮升降作业时，非升降操作人员不得停留在吊篮内；在吊篮升降到位固定之前，其他作业人员不准进入吊篮内。

3. 单片吊篮升降（不多于两个吊点）时，可采用手动葫芦，两人协调动作控制防止倾斜；当多片吊篮同时升降（吊点在两个以上）时，必须采用电动葫芦，并有控制同步升降的装置，使吊篮同步升降不发生过大变形（同步平差不应超过5cm）。

4. 吊篮在建筑物滑动时，应设护墙轮。升降过程中不得碰撞建筑物，临近阳台、洞口等部位，可设专人推动吊篮，升降到位后吊篮必须与建筑物拉牢固定。

（六）交底与验收

1. 吊篮脚手架安装拆除和使用之前，由施工负责人按照施工方案要求，针对队伍情况进行详细交底、分工并确定指挥人员。

2. 吊篮在现场安装后，应进行空载安全运行试验，并对安全装置的灵敏可靠性进行检验。

3. 每次吊篮提升或下降到位固定后，应进行验收确认符合要求时，方可上人作业。

（七）防护

1. 吊篮脚手架外侧应按临边防护的规定，设高度1.2m以上的两道防护栏杆及挡脚板。靠建筑物的里侧应设置高度不低于80cm的防护栏杆。

2. 吊篮脚手架外侧必须用密目网或钢板网封闭，建筑物如有门窗等洞口时，也应进行防护。

3. 当单片吊篮提升时，吊篮的两端也应加设防护栏杆并用密目网封严。

（八）防护顶板

1. 当有多层吊篮同时作业，或建筑物各层作业有落物危险时，吊篮顶部应设置防护顶板，其材料应采用5cm厚木板或相当于5cm木板强度的其他材料。

2. 防护顶板是吊篮脚手架的一部分，应按照施工方案中的要求同时组装同时验收。

（九）架体稳定

1. 吊篮升降到位必须确认与建筑物固定拉牢后方可上人操作，吊篮与建筑物水平距离（缝隙）不应大于20cm，当吊篮晃动时，应及时采取固定措施，人员不得在晃动中继续工作。

2. 无论在升降过程中还是在吊篮定位状态下，提升钢丝绳必须与地面保持垂直，不准斜拉。若吊篮需横向移动时，应将吊篮下放到地面，放松提升钢丝绳，改变屋顶悬挑梁位置固定后，再起升吊篮。

（十）荷载

1. 吊篮脚手架属工具式脚手架，其施工荷载为$1kN/m^2$，吊篮内堆料及人员不应超过规定。

2. 堆料及设备不得过于集中，防止超载。

吊篮脚手架检查评分表 表 3.0.4-5

序号	检查项目		扣 分 标 准	应得分数	扣减分数	实得分数
1	保证项目	施工方案	无施工方案、无设计计算书或未经上级审批，扣10分 施工方案不具体、指导性差，扣5分	10		
2		制作组装	挑梁锚固或配重等抗倾覆装置不合格，扣10分 吊篮组装不符合设计要求，扣7～10分 电动（手扳）葫芦使用非合格产品，扣10分 吊篮使用前未经荷载试验，扣10分	10		
3		安全装置	升降葫芦无保险卡或失效的扣20分 升降吊篮无保险绳或失效的扣20分 无吊钩保险的扣8分 作业人员未系安全带或安全带挂在吊篮升降用的钢丝绳上，扣17～20分	20		
4		脚手板	脚手板铺设不满、不牢，扣5分 脚手板材质不合要求，扣5分 每有一处探头板，扣2分	5		
5		升降操作	操作升降的人员不固定和未经培训，扣10分 升降作业时有其他人员在吊篮内停留，扣10分 两片吊篮连在一起同时升降无同步装置或虽有但达不到同步的扣10分	10		
6		交底与验收	每次提升后未经验收上人作业的扣5分 提升及作业未经交底的扣5分	5		
		小 计		60		

续表

序号	检查项目		扣分标准	应得分数	扣减分数	实得分数
7	一般项目	防护	吊篮外侧防护不符合要求的扣7～10分 外侧立网封闭不整齐的扣4分 单片吊篮升降两端头无防护的扣10分	10		
8		防护顶板	多层作业无防护顶板的扣10分 防护顶板设置不符合要求，扣5分	10		
9		架体稳定	作业时吊篮未与建筑结构拉牢，扣10分 吊篮钢丝绳斜拉或吊篮离墙空隙过大，扣5分	10		
10		荷载	施工荷载超过设计规定的扣10分 荷载堆放不均匀的扣5分	10		
		小计		40		
检查项目合计				100		

注：1. 每项最多扣减分数不大于该项应得分数。
2. 保证项目有一项不得分或保证项目小计得分不足40分，检查评分表计零分。
3. 该表换算到表3.0.1后得分 = $\frac{10\times \text{该表检查项目实得分数合计}}{100}$。

9. 附着式升降脚手架（整体提升架或爬架）检查评分表

附着式升降脚手架为高层建筑施工的外脚手架，可以进行升降作业，从下至上提升一层、施工一层主体，当主体施工完毕，再从上至下装修一层下降一层，直至将底层装修施工完毕。由于它具有良好的经济效益和社会效益，现今已被高层建筑施工广泛采用。目前使用的主要形式有导轨式、主套架式、悬挑式、吊拉式等。

（一）使用条件

1. 附着式升降脚手架的使用具有比较大的危险性，他不单纯是一种单项施工技术，而且是形成定型化反复使用的工具或载人设备，所以应该有足够的安全保障，必须对使用和生产附着式升降脚手架的厂家和施工企业实行认证制度。

（1）对生产或经营附着式升降脚手架产品的，要经建设部组织鉴定并发放生产和使用证，只有具备使用证后，方可向全国各地提供使用此产品。

（2）在持有建设部发放的使用证的同时，还需要再经使用本产品的当地安全监督管理部门审查认定，并发放当地的准用证后，方可向当地使用单位提供此产品。

（3）施工单位自己设计自己使用不作为产品提供其他单位的，不需报建设部鉴定，但必须在使用前，向当地安全监督管理部门申报，并经审查认定。申报单位应提供有关设计、生产和技术性能检验合格资料（包括防倾、防坠、同步、起重机具等装置）。

（4）附着式升降脚手架处于研制阶段和在工程上试用前，应提出该阶段的各项安全措施，经使用单位的上级部门批准，并到当地安全监督管理部门备案。

(5) 对承包附着式升降脚手架工程任务的专业施工队伍进行资格认证，合格者发给证书，不合格者不准承接工程任务。

以上规定说明，凡未经过认证或认证不合格的，不准生产制造整体提升脚手架。使用整体提升脚手架的工程项目，必须向当地建筑安全监督管理机构登记备案，并接受监督检查。

2. 使用附着式升降脚手架必须按规定编制专项施工组织设计。由于附着式升降脚手架是一种新型脚手架，可以整体或分段升降，依靠自身的提升设备完成。不但架体组装需要严格按照设计进行，同时整个施工过程中，在每次提升或下降之前以及上人操作前，都必须严格按照设计要求进行检查验收。

由于施工工艺的特殊性，所以要求不但要结合施工现场作业条件，同时还要针对提升工艺编制专项施工组织设计，其内容应包括：附着脚手架的设计、施工及检查、维护、管理等全部内容。施工组织设计必须由项目施工负责人组织编写，经上级技术部门或总工审批。

3. 由于此种脚手架的操作工艺的特殊性，原有的操作规程已不完全适用，应该针对此种脚手架施工的作业条件和工艺要求进行具体编写，并组织学习贯彻。

4. 施工组织设计还应对如何加强附着式升降脚手架使用过程中的管理作出规定，建立质量安全保证体系及相关的管理制度。工程项目的总包单位对施工现场的安全工作实行统一监督管理，对具体施工的队伍进行审查；对施工过程进行监督检查，发现问题及时采取措施解决。分包单位对附着式升降脚手架的使用安全负直接责任。

(二) 设计计算

1. 确定构造模式。目前由于脚手架构造模式不统一，给设计计算造成困难，为此需首先确立构造模式，合理的传力方式。

(1) 附着式升降脚手架是把落地式脚手架移到了空中，(升降脚手架一般搭设四个标准层加一步护身栏杆的高度为总高度)。

所以要给架体建立一个承力基础——水平梁架，来承受垂直荷载，这个水平梁架以竖向主框架为支座，并通过附着支撑将荷载传递给建筑物。

（2）一般附着式升降脚手架由四部分组成：架体、水平梁架、竖向主框架、附着支承。脚手架沿竖向主框架上设置的导轨升降，附着于建筑物外侧，并通过附着支撑将荷载传递给建筑物，也是“附着式”名称的由来。

2. 设计计算方法：

（1）架体、水平梁架、竖向主框架和附着支撑按照概率极限状态设计法进行计算，提升设备和吊装索具按容许应力法进行计算。

（2）按照规定选用计算系数：静荷载1.2、施工荷载1.4、冲击系数1.5、荷载变化系数2以及6以上的索具安全系数等。

（3）施工荷载标准值：砌筑架3kN/m^2、装修架2kN/m^2、升降状态0.5kN/m^2（升降时，脚手架上所有设备及材料要搬走，任何人不得停留在脚手架上）。

3. 设计计算应包括的项目：

（1）脚手架的强度、稳定性、变形和抗倾覆；

（2）提升机构和附着支撑装置（包括导轨）的强度与变形；

（3）连接件包括螺栓和焊缝的计算；

（4）杆件节点连接强度计算；

（5）吊具索具验算；

（6）附着支撑部位工程结构的验算等。

4. 按照钢结构的有关规定，为保证杆件本身的刚度，规定压杆的长细比不得大于150，拉杆的长细比不得大于300，在设计框架时，其次要杆件在满足强度的条件下，同时满足长细比要求。

5. 脚手架与水平梁架及竖向主框架杆件相交汇的各节点轴线，应汇交于一点，构成节点受力后为零的平衡状态，否则将出现附加应力。这一规定往往在图纸上绘制与实际制作后的成品不相一致。

6. 全部的设计计算，包括计算书、有关资料、制作与安装图纸等一同送交上级技术部门或总工审批，确认符合要求。

(三) 架体构造

1. 架体部分。即按一般落地式脚手架的要求进行搭设，双排脚手架的宽度为0.9～1.1m。限定每段脚手架下部支承跨度不大于8m，并规定架体全高与支承跨度的乘积不大于110m^2。其目的以使架体重心不偏高和利于稳定。脚手架的立杆可按1.5m设置，扣件的紧固力矩40～50N·m，并按规定加设剪刀撑和连墙杆。

2. 水平梁架与竖向主框架。已不属于脚手架的架体，而是架体荷载向建筑结构传力的结构架，必须是刚性的框架，不允许产生变形，以确保传力的可靠性。刚性是指两部分，一是组成框架的杆件必须有足够的强度、刚度；二是杆件的节点必须是刚性，受力过程中杆件的角度不变化。因为采用扣件连接组成的杆件节点是半刚性半铰结的，荷载超过一定数值时，杆件可产生转动，所以规定支撑框架与主框架不允许采用扣件连接，必须采用焊接或螺栓连接的定型框架，以提高架体的稳定性。

3. 在架体与支承框架的组装中，必须牢固的将立杆与水平梁架上弦连接，并使脚手架立杆与框架立杆成一垂直线，节点杆件轴线汇交于一点，使脚手架荷载直接传给水平梁架。此时还应注意将里外两榀支承框架的横向部分，按节点部位采用水平杆与斜杆，将两榀水平梁架连成一体，形成一个空间框架，此中间杆件与水平梁架的连接也必须采用焊接或螺栓连接。

4. 在架体升降过程中，由于上部结构尚未达到要求强度或高度，故不能及时设置附着支撑而使架体上部形成悬臂，为保证架体的稳定规定了悬臂部分不得大于架体高度的2/5和不超过6.0m，否则应采取稳定措施。

5. 为了确保架体传力的合理性，要求从构造上必须将水平梁架荷载，传给竖向主框架（支座），最后通过附着支撑将荷载传给建筑结构。由于主框架直接与工程结构连接所以刚度很大，这样脚手架的整体稳定性得到了保障，又由于导轨直接设置在主框架上，所以脚手架沿导轨上升或下降的过程也是稳定可靠的。

（四）附着支撑

附着支撑是附着式升降脚手架的主要承载传力装置。附着式升降脚手架在升降和到位后的使用过程中，都是靠附着支撑附着于工程结构上来实现其稳定的。它有三个作用：第一，传递荷载，把主框架上的荷载可靠地传给工程结构；第二，保证架体稳定性确保施工安全；第三，满足提升、防倾、防坠装置的要求，包括能承受坠落时的冲击荷载。

1. 要求附着支撑与工程结构每个楼层都必须设连接点，架体主框架沿竖向侧，在任何情况下均不得少于两处。

2. 附着支撑或钢挑梁与工程结构的连接质量必须符合设计要求。

（1）做到严密、平整、牢固；

（2）对预埋件或预留孔应按照节点大样图纸做法及位置逐一进行检查，并绘制分层检测平面图，记录各层各点的检查结果和加固措施；

（3）当起用附墙支撑或钢挑梁时，其设置处混凝土强度等级应有强度报告符合设计规定，并不得小于C10。

3. 钢挑梁的选材制作与焊接质量均按设计要求。连接使用的螺栓不能使用板牙套制的三角形断面螺纹螺栓，必须使用梯型螺纹螺栓，以保证螺纹的受力性能，并由双螺母或加弹簧垫圈紧固。螺栓与混凝土之间垫板的尺寸按计算确定，并使垫板与混凝土表面接触严密。

（五）升降装置

1. 目前脚手架的升降装置有四种：手动葫芦、电动葫芦、专用卷扬机、穿芯液压千斤顶。用量较大的是电动葫芦，由于手动葫芦是按单个使用设计的，不能群体使用，所以当使用三个或三个以上的葫芦群吊时，手动葫芦操作无法实现同步工作，容易导致事故的发生，故规定使用手动葫芦最多只能同时使用两个吊点的单跨脚手架的升降，因为两个吊点的同步问题相对比较容易控制。

2. 升降必须有同步装置控制。

(1) 分析附着升降脚手架的事故，其最终多是因架体升降过程中不同步差过大造成的。设置防坠装置是属于保险装置，设置同步装置是主动的安全装置。当脚手架的整体安全度足够时，关健就是控制平稳升降，不发生意外超载。

(2) 同步升降装置应该是自动显示、自动控制。从升降差和承载力两个方面进行控制。升降时控制各吊点同步差在 3cm 以内；吊点的承载力应控制在额定承载力的 80%，当实际承载力达到和超过额定承载力的 80%时，该吊点应自动停止升降，防止发生超载。

3. 关于索具吊具的安全系数。

(1) 索具和吊具都是指起重机械吊运重物时，系结在重物上承受荷载的部件。刚性的称吊具，柔性的称索具（或称吊索）。

(2) 按照《起重机械安全规程》规定，用于吊挂的钢丝绳其安全系数为 6。所以有索具、吊具的安全系数≥6 的规定。这里不包括起重机具（电动葫芦、液压千斤顶等）在内，提升机具的实际承载能力安全系数应在 3～4 之间，即当相邻提升机具发生故障时，此机具不因超载同时发生故障。（相当于按极限状态计算时，设计荷载=荷载分项系数（1.2～1.4）×冲击系数（1.5）×荷载变化系数（2）×标准荷载=3～4×标准荷载）

4. 脚手架升降时，在同一主框架竖向平面附着支撑必须保持不少于两处，否则架体会因不平衡发生倾覆。升降作业时，作业人员也不准站在脚手架上操作，手动葫芦当达不到此要求时，应改用电动葫芦。

（六）防坠落、导向防倾斜装置

1. 为防止脚手架在升降情况下，发生断绳、折轴等故障造成的坠落事故和保障在升降情况下，脚手架不发生倾斜、晃动，所以规定必须设置防坠落和防倾斜装置。

2. 防坠落装置必须灵敏可靠，由发生坠落到架体停住的时间不超过3秒，其坠落距离不大于150mm。

防坠装置必须设置在主框架部位，由于主框架是架体的主要受力结构又与附着支撑相连，这样就可以把制动荷载及时传给工程结构承受。同时还规定了防坠装置最后应通过两处以上的附着支撑向工程结构传力，主要是防止当其中有一处附着支撑有问题时，还有另一处作为传力保障。

3. 防倾斜装置也必须具有可靠的刚度（不允许用扣件连接），可以控制架体升降过程中的倾斜度和晃动的程度，在两个方向（前后、左右）均不超过3cm。防倾斜装置的导向间隙应小于5mm，在架体升降过程中始终保持水平约束，确保升降状态的稳定和安全不倾翻。

4. 防坠装置应能在施工现场提供动作试验，确认可靠灵敏符合要求。

（七）分段验收

1. 附着式升降脚手架在使用过程中，每升降一层都要进行一次全面检查，每次升降有每次的不同作业条件，所以每次都要按照施工组织设计中要求的内容进行全面检查。

2. 提升（下降）作业前，检查准备工作是否满足升降时的作业条件，包括：脚手架所有连墙处完全脱离、各点提升机具吊索处于同步状态、每台提升机具状况良好、靠墙处脚手架已留出升降空隙、准备起用附着支撑处或钢挑梁处的混凝土强度已达到设计要求以及分段提升的脚手架两端敞开处已用密目网封闭、防倾、防坠等安全装置处于正常等。

3. 脚手架升降到位后，不能立即上人进行作业，必须把脚手架进行固定并达到上人作业的条件。例如把各连墙点连接牢靠、架体已处于稳固、所有脚手板已按规定铺牢铺严、四周安全网围护已无漏洞、经验收已经达到上人作业条件。

4. 每次验收应有按施工组织设计规定内容记录检查结果，

并有责任人签字。

（八）脚手板

1. 附着式升降脚手架为定型架体，故脚手板应按每层架体间距合理铺设，铺满铺严无探头板并与架体固定绑牢，有钢丝绳穿过处的脚手板，其孔洞应规则不能留有过大洞口，人员上下各作业层应设专用通道和扶梯。

2. 作业时，架体离墙空隙有翻板构造措施必须封严，防止落人落物。

3. 脚手架板材质量符合要求，应使用厚度不小于5cm的木板或专用钢制板网，不准用竹脚手板。

（九）防护

1. 脚手架外侧用密目网封闭，安全网的搭接处必须严密并与脚手架绑牢。

2. 各作业层都应按临边防护的要求设置防护栏杆及挡脚板。

3. 最底部作业层下方应同时采用密目网及平网挂牢封严，防止落人落物。

4. 升降脚手架下部、上部建筑物的门窗及孔洞，也应进行封闭。

（十）操作

1. 附着式升降脚手架的安装搭设都必须按照施工组织设计的要求及施工图进行，安装后应经验收并进行荷载试验，确认符合设计要求时，方可正式使用。

2. 由于附着升降脚手架属于新工艺，有其特殊的施工要求，所以应该按照施工组织设计的规定向技术人员和工人进行全面交底，使参加作业的每人都清楚全部施工工艺及个人岗位的责任要求。

3. 按照有关规范、标准及施工组织设计中制定的安全操作规程，进行培训考核，专业工种应持证上岗并明确责任。

4. 附着式升降脚手架属高处危险作业，在安装、升降、拆除时，应划定安全警戒范围并设专人监督检查。

5. 脚手架的提升机具是按各起吊点的平均受力布置，所以架体上荷载应尽量均布平衡，防止发生局部超载。规定升降时架体上活荷载为 $0.5kN/m^2$，是指不能有人在脚手架上停留和大宗材料堆放，也不准有超过 2000N 重的设备等。

附着式升降脚手架（整体提升架或爬架）检查评分表

表 3.0.4-6

序号	检查项目		扣 分 标 准	应得分数	扣减分数	实得分数
1	保证项目	使用条件	未经建设部组织鉴定并发放生产和使用证的产品，扣 10 分 不具有当地建筑安全监督管理部门发放的准用证，扣 10 分 无专项施工组织设计，扣 10 分 安全施工组织设计未经上级技术部门审批的扣 10 分 各工种无操作规程的扣 10 分	10		
2		设计计算	无设计计算书的扣 10 分 设计计算书未经上级技术部门审批的扣 10 分 设计荷载未按承重架 3.0kN/m², 装饰架 2.0kN/m², 升降状态 0.5kN/m² 取值的扣 10 分 压杆长细比大于 150，受拉杆件的长细比大于 300 的扣 10 分 主框架、支撑框架（桁架）各节点的各杆件轴线不汇交于一点的扣 6 分 无完整的制作安装图的 10	10		
3		架体构造	无定型（焊接或螺栓联接）的主框架的扣 10 分 相邻两主框架之间的架体无定型（焊接或螺栓联接）的支撑框架（桁架）的扣 10 分 主框架间脚手架的立杆不能将荷载直接传递到支撑框架上的扣 10 分 架体未按规定构造搭设的扣 10 分 架体上部悬臂部分大于架体高度的 1/3,且超过 4.5m 的扣 8 分 支撑框架未将主框架作为支座的扣 10 分	10		
4		附着支撑	主框架未与每个楼层设置连接点的扣 10 分 钢挑架与预埋钢筋环连接不严密的扣 10 分 钢挑架上的螺栓与墙体连接不牢固或不符合规定的扣 10 分 钢挑架焊接不符合要求的扣 10 分	10		

续表

序号	检查项目		扣分标准	应得分数	扣减分数	实得分数
5		升降装置	无同步升降装置或有同步升降装置但达不到同步升降的扣10分 索具、吊具达不到6倍安全系数的扣10分 有两个以上吊点升降时，使用手拉葫芦（导链）的扣10分 升降时架体只有一个附着支撑装置的扣10分 升降时架体上站人的扣10分	10		
6		防坠落、导向防倾斜装置	无防坠装置的扣10分 防坠装置设在与架体升降的同一个附着支撑装置上，且无两处以上的扣10分 无垂直导向和防止左右、前后倾斜的防倾装置的扣10分 防坠装置不起作用的扣7～10分	10		
		小　计		60		
7	一般项目	分段验收	每次提升前，无具体的检查记录的扣6分 每次提升后、使用前无验收手续或资料不全的扣7分	10		
8		脚手板	脚手板铺设不严不牢的扣3～5分 离墙空隙未封严的扣3～5分 脚手板材质不符合要求的扣3～5分	10		
9		防护	脚手架外侧使用的密目式安全网不合格的扣10分 操作层无防护栏杆的扣8分 外侧封闭不严的扣5分 作业层下方封闭不严的扣5～7分	10		
10		操作	不按施工组织设计搭设的扣10分 操作前未向现场技术人员和工人进行安全交底的扣10分 作业人员未经培训，未持证上岗又未定岗位的扣7～10分 安装、升降、拆除时无安全警戒线的扣10分 荷载堆放不均匀的扣5分 升降时架体上有超过2000N重的设备的扣10分	10		
		小计		40		
检查项目合计				100		

注：1．每项最多扣减分数不大于该项应得分数。

2．保证项目有一项不得分或保证项目小计得分不足40分，检查评分表计零分。

3．该表换算到表3.0.1后得分 $=\frac{10\times\text{该表检查项目实得分数合计}}{100}$。

10. 基坑支护安全检查评分表

在城市建设中高层建筑、超高层建筑所占比例逐年增多，高层建筑如何解决深基础施工中的安全问题也越来越突出，建设部近几年的事故统计中，坍塌事故成了继“四大伤害”（高处坠落、触电、物体打击、机械伤害）之后的第五大伤害。在坍塌事故中，基坑基槽开挖、人工扩孔桩施工造成的坍塌占坍塌事故总数的65%，所以坍塌事故也已列入建设部专项治理内容。

在基坑开挖中造成坍塌事故的主要原因是：

基坑开挖放坡不够，没按土的类别和坡度的容许值，按规定的高宽比进行放坡，造成坍塌；

基坑边坡顶部超载或由于震动，破坏了土体的内聚力，引起土体结构破坏，造成的滑坡；

由于施工方法不正确，开挖程序不对、超标高挖土、支撑设置或拆除不正确、或者排水措施不力以及解冻时造成的坍塌等。针对以上问题，结合基坑支护设计规范的有关规定制定了本安全检查评分表。

（一）施工方案

1. 基坑开挖之前，要按照土质情况、基坑深度以及周边环境确定支护方案，其内容应包括：放坡要求、支护结构设计、机械选择、开挖时间、开挖顺序、分层开挖深度、坡道位置、车辆进出道路、降水措施及监测要求等。

2. 施工方案的制定必须针对施工工艺结合作业条件，对施工过程中可能造成坍塌的因素和作业人员的安全以及防止周边建筑、道路等产生不均匀沉降，设计制定具体可行措施，并在施工中付诸实施。

3. 高层建筑的箱形基础，实际上形成了建筑的地下室，随上层建筑荷载的加大，常要求在地面以下设置三层或四层地下室，因而基坑的深度常超过5～6m，且面积较大，给基础工程施工带来很大困难和危险，必须认真制定安全措施防止发生事故。如：

（1）工程场地狭窄，邻近建筑物多，大面积基坑的开挖，常使这些旧建筑物发生裂缝或不均匀沉降；

（2）基坑的深度不同，主楼较深，群房较浅，因而需仔细进行施工程序安排，有时先挖一部分浅坑，再加支撑或采用悬臂板桩；

（3）合理采用降水措施，以减少板桩上的土压力；

（4）当采用钢板桩时，合理解决位移和弯曲；

（5）除降低地下水位外，基坑内还需设置明沟和集水井，以排除暴雨突然而来的明水；

（6）大面积基坑应考虑配两路电源，当一路电源发生故障时，可以及时采取另一路电源，防止停止降水而发生事故。

总之由于基坑加深，土侧压力下再加上地下水的出现，所以必须做专项支护设计以确保施工安全。

4. 支护设计方案的合理与否，不但直接影响施工的工期、造价，更主要还对施工过程中的安全与否有直接关系，所以必须经上级审批。有的地区规定基坑开挖深度超过6m时，必须经建委专家组审批。经实践证明这些规定不但确保了施工安全，还对缩短工期、节约资金取得了明显效益。

（二）临边防护

1. 当基坑施工深度达到2m时，对坑边作业已构成危险，按照高处作业和临边作业的规定，应搭设临边防护设施。

2. 基坑周边搭设的防护栏杆，从选材、搭设方式及牢固程度都应符合《建筑施工高处作业安全技术规范》的规定。

（三）坑壁支护

不同深度的基坑和作业条件，所采取的支护方式也不同。

1. 原状土放坡

一般基坑深度小于3m时，可采用一次性放坡。当深度达到4～5m时，也可采用分级放坡。明挖放坡必须保证边坡的稳定，根据土的类别进行稳定计算确定安全系数。原状土放坡适用于较浅的基坑，对于深基坑可采用打桩、土钉墙或地下连续墙方法来确保边坡的稳定。

2．排桩（护坡桩）

当周边无条件放坡时，可设计成挡土墙结构。可以采用预制桩或灌注桩，预制桩有钢筋混凝土桩和钢桩，当采用间隔排桩时，将桩与桩之间的土体固化形成桩墙挡土结构。

土体的固化方法可采用高压旋喷或深层搅拌法进行。固化后的土体不但具有整体性好，同时可以阻止地下水渗入基坑形成隔渗结构。桩墙结构实际上是利用桩的入土深度形成悬臂结构，当基础较深时，可采用坑外拉锚或坑内支撑来保持护桩的稳定。

3．坑外拉锚与坑内支撑

（1）坑外拉锚：

用锚具将锚杆固定在桩的悬臂部分，将锚杆的另一端伸向基坑边坡土层内锚固，以增加桩的稳定。土锚杆由锚头、自由段和锚固段三部分组成，锚杆必须有足够长度，锚固段不能设置在土层的滑动面之内。锚杆应经设计并通过现场试验确定抗拔力。锚杆可以设计成一层或多层，采用坑外拉锚较采用坑内支撑法能有较好的机械开挖环境。

（2）坑内支撑：

为提高桩的稳定性，也可采用在坑内加设支撑的方法。坑内支撑可采用单层平面或多层支撑，支撑材料可采用型钢或钢筋混凝土，设计支撑的结构形式和节点做法，必须注意支撑安装及拆除顺序。尤其对多层支撑要加强管理，混凝土支撑必须在上道支撑强度达80%时才可挖下层；对钢支撑严禁在负荷状态下焊接。

4．地下连续墙

地下连续墙就是在深层地下浇注一道钢筋混凝土墙，既可起挡土护壁又可起隔渗作用，还可以成为工程主体结构的一部分，也可以代替地下室墙的外模板。

地下连续墙也可简称地连墙，地连墙施工是利用成槽机械，按照建筑平面挖出一条长槽，用膨润土泥浆护壁，在槽内放入钢筋笼，然后浇注混凝土。施工时，可以分成若干单元（5～8m一段），最后将各段进行接头连接，形成一道地下连续墙。

5. 逆作法施工

逆作法的施工工艺和一般正常施工相反，一般基础施工先挖至设计深度，然后自下向上施工到正负零标高，然后再继续施工上部主体。逆作法是先施工地下一层（离地面最近的一层），在打完第一层楼板时，进行养护，在养护期间可以向上部施工主体，当第一层楼板达到强度时，可继续施工地下二层（同时向上方施工），此时的地下主体结构梁板体系，就作为挡土结构的支撑体系，地下室的墙体又是基坑的护壁。这时梁板的施工只需在地面上挖出坑槽放入模板钢筋，不设支撑，在梁的底部将伸出筋插入土中，作为柱子钢筋，梁板施工完毕再挖土方施工柱子。第一层楼板以下部分由于楼板的封闭，只能采用人工挖土，可利用电梯间作垂直运输通道。逆作法不但节省工料，上下同时施工缩短工期，还由于利用工程梁板结构做内支撑，可以避免由于装拆临时支撑造成的土体变形。

（四）排水措施

基坑施工常遇地下水，尤其深基施工处理不好不但影响基坑施工，还会给周边建筑造成沉降不均的危险。对地下水的控制方法一般有：排水、降水、隔渗。

1. 排水

开挖深度较浅时，可采用明排。沿槽底挖出两道水沟，每隔30～40m设置一集水井，用抽水设备将水抽走。有时深基坑施工，为排除雨季的暴雨突然而来的明水，也采用明排。

2. 开挖深度大于3m时，可采用井点降水。在基坑外设置降水管，管壁有孔并有过滤网，可以防止在抽水过程中将土粒带走，保持土体结构不被破坏。

井点降水每级可降低水位4.5m，再深时，可采用多级降水，水量大时，也可采用深井降水。

当降水可能造成周围建筑物不均匀沉降时，应在降水的同时采取回灌措施。回灌井是一个较长的穿孔井管，和井点的过滤管一样，井外填以适当级配的滤料，井口用粘土封口，防止空气进入。回灌与降水同时进行，并随时观测地下水位的变化，以保持原有的地下水位不变。

3. 隔渗

基坑隔渗是用高压旋喷、深层搅拌形成的水泥土墙和底板而形成的止水帷幕，阻止地下水渗入基坑内。隔渗的抽水井可设在坑内，也可设在坑外。

(1) 坑内抽水：不会造成周边建筑物、道路等沉降问题，可以坑外高水位坑内低水位干燥条件下作业。但最后封井技术上应注意防漏，止水帷幕采用落底式，向下延伸插入到不透水层以内对坑内封闭。

(2) 坑外抽水：含水层较厚，帷幕悬吊在透水层中。由于采用了坑外抽水，从而减轻了挡土桩的侧压力。但坑外抽水对周边建筑物有不利的沉降影响。

(五) 坑边荷载

1. 坑边堆置土方和材料包括沿挖土方边缘移动运输工具和机械不应离槽边过近，堆置土方距坑槽上部边缘不少于1.2m，弃土堆置高度不超过1.5m。

2. 大中型施工机具距坑槽边距离，应根据设备重量、基坑支护情况、土质情况经计算确定。规范规定“基坑周边严禁超堆荷载”。土方开挖如有超载和不可避免的边坡堆载，包括挖土机平台位置等，应在施工方案中进行设计计算确认。

3. 当周边有条件时，可采用坑外降水，以减少墙体后面的水压力。

(六) 上下通道

1. 基坑施工作业人员上下必须设置专用通道，不准攀爬模板、脚手架以确保安全。

2. 人员专用通道应在施工组织设计中确定，其攀登设施可视条件采用梯子或专门搭设，应符合高处作业规范中攀登作业的要求。

（七）土方开挖

1. 所有施工机械应按规定进场经过有关部门组织验收确认合格，并有记录。

2. 机械挖土与人工挖土进行配合操作时，人员不得进入挖土机作业半径内，必须进入时，待挖土机作业停止后，人员方可进行坑底清理、边坡找平等作业。

3. 挖土机作业位置的土质及支护条件，必须满足机械作业的荷载要求，机械应保持水平位置和足够的工作面。

4. 挖土机司机属特种作业人员，应经专门培训考试合格持有操作证。

5. 挖土机不能超标高挖土，以免造成土体结构破坏。坑底最后留一步土方由人工完成，并且人工挖土应在打垫层之前进行，以减少亮槽时间（减少土侧压力）。

（八）基坑支护变形监测

1. 基坑开挖之前应作出系统的监测方案。包括：监测方法、精度要求、监测点布置、观测周期、工序管理、记录制度、信息反馈等。

2. 基坑开挖过程中特别注意监测：

（1）支护体系变形情况；

（2）基坑外地面沉降或隆起变形；

（3）临近建筑物动态。

3. 监测支护结构的开裂、位移。重点监测桩位、护壁墙面、主要支撑杆、连接点以及渗漏情况。

（九）作业环境

建筑施工现场作业条件，往往是地下作业条件被忽视，坑槽内作业不应降低规范要求。

1. 人员作业必须有安全立足点，脚手架搭设必须符合规范规定，临边防护符合要求。

2. 交叉作业、多层作业上下设置隔离层。垂直运输作业及设备也必须按照相应的规范进行检查。

3. 深基坑施工的照明问题，电箱的设置及周围环境以及各种电气设备的架设使用均应符合电气规范规定。

基坑支护安全检查评分表 **表 3.0.5**

序号	检查项目		扣分标准	应得分数	扣减分数	实得分数
1	保证项目	施工方案	基础施工无支护方案的扣 20 分 施工方案针对性差不能指导施工的扣 12～15 分 基坑深度超过 5m 无专项支护设计的扣 20 分 支护设计及方案未经上级审批的扣 15 分	20		
2		临边防护	深度超过 2m 的基坑施工无临边防护措施的扣 10 分 临边及其他防护不符合要求的扣 5 分	10		
3		坑壁支护	坑槽开挖设置安全边坡不符合安全要求的扣 10 分 特殊支护的作法不符合设计方案的扣 5～8 分 支护设施已产生局部变形又未采取措施调整的扣 6 分	10		
4		排水措施	基坑施工未设置有效排水措施的扣 10 分 深基础施工采用坑外降水，无防止临近建筑危险沉降措施的扣 10 分	10		
5		坑边荷载	积土、料具堆放距槽边距离小于设计规定的扣 10 分 机械设备施工与槽边距离不符合要求，又无措施的扣 10 分	10		
		小　计		60		

续表

序号	检查项目		扣分标准	应得分数	扣减分数	实得分数
6	一般项目	上下通道	人员上下无专用通道的扣10分 设置的通道不符合要求的扣6分	10		
7		土方开挖	施工机械进场未经验收的扣5分 挖土机作业时，有人员进入挖土机作业半径内的扣6分 挖土机作业位置不牢、不安全的扣10分 司机无证作业的扣10分 未按规定程序挖土或超挖的扣10分	10		
8		基坑支护变形监测	未按规定进行基坑支护变形监测的扣10分 未按规定对毗邻建筑物和重要管线和道路进行沉降观测的扣10分	10		
9		作业环境	基坑内作业人员无安全立足点的扣10分 垂直作业上下无隔离防护措施的扣10分 光线不足未设置足够照明的扣5分	10		
		小计		40		
检查项目合计				100		

注：1. 每项最多扣减分数不大于该项应得分数。

2. 保证项目有一项不得分或保证项目小计得分不足40分，检查评分表计零分。

3. 该表换算到表3.0.1后得分 $=\frac{10\times \text{该表检查项目实得分数合计}}{100}$。

11. 模板工程安全检查评分表

（一）施工方案

1. 施工方案内容应该包括模板及支撑的设计、制作、安装和拆除的施工程序、作业条件以及运输、堆放的要求等,并经审批。

模板工程施工应针对混凝土的施工工艺（如采用混凝土喷射机、混凝土泵送设备、塔吊浇注罐、小推车运送等）和季节施工特点（如冬季施工保温措施等）制定出安全、防火措施，一并纳入施工方案之中。

（二）支撑系统

1. 模板的设计内容应包括：模板和支撑系统的设计计算、材料规格、接头方法，构造大样及剪刀撑的设置要求等均应详细注明并绘制施工详图。

2. 支撑系统的选材及安装应按设计要求进行，基土上的支撑点应牢固平整，支撑在安装过程中应考虑必要的临时固定措施，以保证稳定性。

（三）立柱稳定

1. 立柱材料可用钢管、门型架、木杆，其材质和规格应符合设计要求。

2. 立柱底部支承结构必须具有支承上层荷载的能力。由于模板立柱承受的施工荷载往往大于楼板的设计荷载，因此常需要保持两层或多层立柱（应计算确定）。为合理传递荷载，立柱底部应设置木垫板，禁止使用砖及脆性材料铺垫。当支承在地基上时，应验算地基土的承载力。

3. 为保证立柱的整体稳定,应在安装立柱的同时,加设水平支撑和剪刀撑。立柱高度大于 2m 时,应设两道水平支撑,满堂红模板立柱的水平支撑必须纵横双向设置。其支架立柱四边及中间每隔四跨立柱设置一道纵向剪刀撑。立柱每增高1.5～2m时,除再增加一道水平支撑外,尚应每隔2步设置一道水平剪刀撑。

4. 立柱的间距应经计算确定，按照施工方案要求进行。当使用ϕ48钢管时间距不应大于1m。若采用多层支模，上下层立柱要垂直，并应在同一垂直线上。

（四）施工荷载

1. 现浇式整体模板上的施工荷载一般按2.5kN/m^{2}计算，并以2.5kN的集中荷载进行验算，新浇的混凝土按实际厚度计算重量。当模板上荷载有特殊要求时，按施工方案设计要求进行检查。

2. 模板上堆料和施工设备应合理分散堆放，不应造成荷载的过多集中。尤其是滑模、爬模等模板的施工，应使每个提升设备的荷载相差不大，保持模板平稳上升。

（五）模板存放

1. 大模板应存放在经专门设计的存放架上，应采用两块大模板面对面存放，必须保证地面的平整坚实。当存放在施工楼层上时，应满足其自稳角度，并有可靠的防倾倒措施。

2. 各类模板应按规格分类堆放整齐，地面应平整坚实，当无专门措施时，叠放高度一般不应超过1.6m，过高时不易稳定且操作不便。

（六）支拆模板

1. 悬空作业处应有牢靠的立足作业面，支拆3m以上高度的模板时，应搭设脚手架工作台，高度不足3m的可用移动式高凳，不准站在拉杆、支撑杆上操作，也不准在梁底模上行走操作。

（1）安装模板应符合方案的程序，安装过程应有保持模板临时的稳定措施（如单片柱模吊装时，应待模板稳定后摘钩；安装墙体模板时，从内、外角开始沿向两个互相垂直的方向安装等）。

（2）拆除模板应按方案规定程序进行，先支的后拆，先拆非承重部分。拆除大跨度梁支撑柱时，先从跨中开始向两端对称进行。大模板拆除前，要用起重机垂直吊牢，然后再进行拆除。拆除薄壳从结构中心向四周围均匀放松向周边对称进行。当立柱水平拉杆超过两层时，应先拆两层以上的水平拉杆，最下一道水平杆与立柱模同时拆除，以确保柱模稳定。

2. 拆除模板作业比较危险，防止落物伤人，应设置警戒线有明显标志，并设专门监护人员。

3. 模板拆除应按区域逐块进行，定型钢模板拆除不得大面积撬落。模板、支撑要随拆随运，严禁随意抛掷，拆除后分类码放。不得留有未拆净的悬空模板，要及时清除防止伤人。

（七）模板验收

1. 模板工程安装后，应由现场技术负责人组织，按照施工方案进行验收。

2. 对验收结果应逐项认真填写，并记录存在问题和整改后达到合格的情况。

3. 应建立模板拆除的审批制度，模板拆除前应有批准手续，防止随意拆除发生事故。

4. 模板安装和拆除工作必须严格按施工方案进行，正式工作之前要进行安全技术交底，确保施工过程的安全。

（八）混凝土强度

1. 现浇整体模板拆除之前，应对照拆除的部位查阅混凝土强度试验报告，必须达到拆模强度时方可进行；滑升模板提升时的混凝土强度必须达到方案的要求时方可进行。

2. 承重结构应按照不同的跨度确定其拆模强度；预应力结构必须达到张拉强度，并张拉、灌浆完毕方可拆模。

（九）运输道路

1. 混凝土运送小车道应垫板，不得直接在模板上运行，避免对模板重压。当须在钢筋网上通过时，必须搭设车行通道。

2. 运输小车的通道应坚固稳定，脚手架应将荷载传递到建筑结构上，脚手板应铺平绑牢便于小车运行，通道两侧设置防护栏杆及档脚板。

（十）作业环境

1. 安装、拆除模板以及浇注混凝土作业人员的作业区域内，应按高处作业的有关规定，设置临边防护和孔洞封严措施。

2. 交叉作业避免在同一垂直作业面进行，否则应按规定设置隔离防护措施。

模板工程安全检查评分表 表 3.0.6

序号	检查项目		扣分标准	应得分数	扣减分数	实得分数
1	保证项目	施工方案	模板工程无施工方案或施工方案未经审批的扣10分 未根据混凝土输送方法制定有针对性安全措施的扣8分	10		
2		支撑系统	现浇混凝土模板的支撑系统无设计计算的扣6分 支撑系统不符合设计要求的扣10分	10		
3		立柱稳定	支撑模板的立柱材料不符合要求的扣6分 立柱底部无垫板或用砖垫高的扣6分 不按规定设置纵横向支撑的扣4分 立柱间距不符合规定的扣5分	10		
4		施工荷载	模板上施工荷载超过规定的扣10分 模板上堆料不均匀的扣5分	10		
5		模板存放	大模板存放无防倾倒措施的扣5分 各种模板存放不整齐、过高等不符合安全要求的扣5分	10		
6		支拆模板	2m以上高处作业无可靠立足点的扣8分 拆除区域未设置警戒线且无监护人的扣5分 留有未拆除的悬空模板的扣4分	10		
		小计		60		

续表

序号	检查项目		扣分标准	应得分数	扣减分数	实得分数
7	一般项目	模板验收	模板拆除前未经拆模申请批准的扣5分 模板工程无验收手续的扣6分 验收单无量化验收内容的扣4分 支拆模板未进行安全技术交底的扣5分	10		
8		混凝土强度	模板拆除前无混凝土强度报告的扣5分 混凝土强度未达规定提前拆模的扣8分	10		
9		运输道路	在模板上运输混凝土无走道垫板的扣7分 走道垫板不稳不牢的扣3分	10		
10		作业环境	作业面孔洞及临边无防护措施的扣10分 垂直作业上下无隔离防护措施的扣10分	10		
		小计		40		
检查项目合计				100		

注：1. 每项最多扣减分数不大于该项应得分数。

2. 保证项目有一项不得分或保证项目小计得分不足40分，检查评分表计零分。

3. 该表换算到表3.0.1后得分 $=\dfrac{10\times\text{该表检查项目实得分数合计}}{100}$。

12．“三宝”、“四口”防护检查评分表

“三宝”主要指安全帽、安全带、安全网等防护用品的正确使用；“四口”主要指楼梯口、电梯井口、预留洞口、通道口等各种洞口的防护应符合要求。两者之间没有有机的联系，但因这两部分防护做的不好，在施工现场引起的伤亡事故却是相互交叉，既有高处坠落事故又有物体打击事故。因此，将这两部分内容放在一张检查表内，但不设保证项目。

（一）安全帽

1. 在发生物体打击的事故分析中，由于不戴安全帽而造成伤害者占事故总数的90%，无论工地有多少人员，只要有一人不戴安全帽，就存在着被落物打击而造成伤亡的隐患。

2. 关于安全帽的标准

（1）安全帽是防冲击的主要用品，它是采用具有一定强度的帽壳和帽衬缓冲结构组成。可以承受和分散落物的冲击力，并保护或减轻由于高处坠落头部先着地面的撞击伤害。

（2）人体颈椎冲击承受能力是有一定限度的，国标规定：用5kg钢锤自1m高度落下进行冲击试验，头模所受冲击力的最大值不应超过500kg；耐穿透性能用3kg钢锥自1m高度落下进行试验，钢锥不应与头模接触。

（3）帽壳采用半球形，表面光滑，易于滑走落物。前部的帽舌尺寸为10～55mm，其余部分的帽沿尺寸为10～35mm。

（4）帽衬顶端至帽壳顶内面的垂直间距为20～25mm，帽衬至帽壳内侧面的水平间距为5～20mm。

（5）安全帽在保证承受冲击力的前提下，要求越轻越好，重量不应超过400g。

（6）每顶安全帽上应有：制造厂名称、商标、型号；制造

年、月；许可证编号。每顶安全帽出厂时，必须有检验部门批量验证和工厂检验合格证。

3．佩戴安全帽时，必须系紧下颚系带，防止安全帽坠落失去防护作用。不同头型或冬季佩戴在防寒帽外时，应随头型大小调节紧牢帽箍，保留帽衬与帽壳之间缓冲作用的空间。

（二）安全网

1．工程施工过程中，为防止落物和减少污染，必须采用密目式安全网对建筑物进行全封闭。

（1）外脚手架施工时，在落地式单排或双排脚手架的外排杆，随脚手架的升高用密目网封闭。

（2）里脚手架施工时，在建筑物外侧距离10cm搭设单排脚手架，随建筑物升高（高出作业面1.5m）用密目网封闭。当防护架距离建筑物尺寸较大时，应同时做好脚手架与建筑物每层之间的水平防护。

（3）当采用升降脚手架或悬挑脚手架施工时，除用密目网将升降脚手架或悬挑脚手架进行封闭外，还应对下部暴露出的建筑物的门窗等孔洞及框架柱之间的临边，按临边防护的标准进行防护。

2．关于密目式安全立网

（1）密目式安全网用于立网，其构造为：网目密度不应低于2000目/$100cm^2$。

（2）耐贯穿性试验。用长6m，宽1.8m的密目网，紧绑在与地面倾斜30°的试验框架上，网面绷紧。将直径48～50mm、重5kg的脚手管，距框架中心3m高度自由落下，钢管不贯穿为合格标准。

（3）冲击试验。用长6m宽1.8m的密目网，紧绷在刚性试验水平架上。将长100cm，底面积$2800cm^2$，重100kg的人形砂包1个，砂包方向为长边平行于密目网的长边，砂包位置为距网中心高度1.5m自由落下，网绳不断裂。

（4）每张安全网出厂前，必须有国家指定的监督检验部门批量验证和工厂检验合格证。

3. 由于目前安全网厂家多，有些厂家不能保障产品质量，以致给安全生产带来隐患。为此，强调各地建筑安全监督部门应加强管理。

（三）安全带

1. 安全带主要用于防止人体坠落的防护用品，它同安全帽一样是适用于个人的防护用品，无论工地内独立悬空作业的有多少人员，只要有一人不按规定佩戴安全带，就存在着坠落的隐患。

2. 使用安全带应正确悬挂

（1）架子工使用的安全带绳长限定在1.5～2m。

（2）应做垂直悬挂，高挂低用较为安全；当做水平位置悬挂使用时，要注意摆动碰撞；不宜低挂高用；不应将绳打结使用，以免绳结受力后剪断；不应将钩直接挂在不牢固物和直接挂在非金属绳上，防止绳被割断。

3. 关于安全带标准

（1）冲击力的大小主要由人体体重和坠落距离而定，坠落距离与安全挂绳长度有关。使用3m以上长绳应加缓冲器，单腰带式安全带冲击试验荷载不超过9.0kN。

（2）做冲击负荷试验。对架子工安全带，抬高1m试验，以100kg重量拴挂，自由坠落不破断为合格。

（3）腰带和吊绳破断力不应低于1.5kN。

（4）安全带的带体上应缝有永久字样的商标、合格证和检验证。合格证上应注明：产品名称、生产年月、拉力试验、冲击试验、制造厂名、检验员姓名。

（5）安全带一般使用五年应报废。使用两年后，按批量抽验，以80kg重量，自由坠落试验，不破断为合格。

4. 关于速差式自控器（可卷式安全带）。

（1）速差式自控器是装有一定绳长的盒子，作业时可随意拉出绳索使用，坠落时凭速度的变化引起自控。

(2) 速差式自控器固定悬挂在作业点上方，操作者可将自控器内的绳索系在安全带上，自由拉出绳索使用，在一定位置上作业，工作完毕向上移动，绳索自行缩入自控器内。发生坠落时自控器受速度影响自控对坠落者进行保护。

(3) 速差式自控器在 1.5m 距离以内自控为合格。

(四) 楼梯口、电梯井口防护

1.《建筑施工高处作业安全技术规范》规定：进行洞口作业以及因工程工序需要而产生的，使人与物有坠落危险或危及人身安全的其他洞口进行高处作业时，必须按规定设置防护设施。

2. 楼梯口应设置防护栏杆；电梯井口除设置固定栅门外，(门栅网格的间距不应大于 15cm) 还应在电梯井内每隔两层（不大于 10m）设置一道安全平网。平网内无杂物，网与井壁间隙不大于 10cm。当防护高度超过一个标准层时，不得采用脚手板等硬质材料做水平防护。

3. 防护栏杆、防护栅门应符合规范规定，整齐牢固，与现场规范化管理相适应。防护设施应在施工组织设计中有设计、有图纸，并经验收形成工具化、定型化的防护用具，安全可靠、整齐美观，周转使用。

(五) 预留洞口、坑、井防护

1. 按照《建筑施工高处作业安全技术规范》规定，对孔洞口（水平孔洞短边尺寸大于 2.5cm 的，竖向孔洞高度大于 75cm 的）都要进行防护。

2. 各类洞口的防护具体做法，应针对洞口大小及作业条件，在施工组织设计中分别进行设计规定，并在一个单位或在一个施工现场中形成定型化，不允许由作业人员随意找材料盖上的临时做法，防止由于不严密不牢固而存在事故隐患。

3. 较小的洞口可临时砌死或用定型盖板盖严；较大的洞口可采用贯穿于混凝土板内的钢筋构成防护网，上面满铺竹笆或脚手板；边长在 1.5m 以上的洞口，张挂安全平网并在四周设防护栏杆或按作业条件设计更合理的防护措施。

（六）通道口防护

1. 在建工程地面入口处和施工现场在施工程人员流动密集的通道上方，应设置防护棚，防止因落物产生的物体打击事故。

2. 防护棚顶部材料可采用 5cm 厚木板或相当于 5cm 厚木板强度的其他材料，两侧应沿栏杆架用密目式安全网封严。出入口处防护棚的长度应视建筑物的高度而定，符合坠落半径的尺寸要求。

建筑高度 h =2～5m 时，坠落半径 R 为	2m
5～15m	3m
15～30m	4m
＞30m	5m 以上

3. 当使用竹笆等强度较低材料时，应采用双层防护棚，以使落物达到缓冲。

4. 防护棚上部严禁堆放材料，若因场地狭小，防护棚兼作物料堆放架时，必须经计算确定，按设计图纸验收。

（七）阳台、楼板、屋面等临边防护

1.《建筑施工高处作业安全技术规范》规定：施工现场中，工作面边沿无防护设施或围护设施高度低于 80cm 时，都要按规定搭设临边防护栏杆。

2. 临边防护栏杆搭设要求：

（1）防护栏杆由上、下两道横杆及栏杆柱组成，上杆离地高度为 1.0～1.2m，下杆离地高度为 0.5～0.6m。横杆长度大于 2m 时，必须加设栏杆柱。

（2）栏杆柱的固定及其与横杆的连接，其整体构造应使防护栏杆在上杆任何处，能经受任何方向的 1000N 外力。

（3）防护栏杆必须自上而下用密目网封闭，或在栏杆下边设置严密固定的高度不低于 18cm 的档脚板。

（4）当临边外侧临街道时，除设置防护栏杆外，敞口立面必须采取满挂密目网作全封闭处理。

“三宝”、“四口”防护检查评分表　　表 3.0.7

序号	检查项目	扣　分　标　准	应得分数	扣减分数	实得分数
1	安全帽	有一人不戴安全帽的扣5分 安全帽不符合标准的每发现一顶扣1分 不按规定佩戴安全帽的有一人扣1分	20		
2	安全网	在建工程外侧未用密目式安全网封闭的扣25分 安全网规格、材质不符合要求的扣25分 安全网未取得建筑安全监督管理部门准用证的扣25分	25		
3	安全带	每有一人未系安全带的扣5分 有一人安全带系挂不符合要求的扣3分 安全带不符合标准,每发现一条扣2分	10		
4	楼梯口、电梯井口防护	每一处无防护措施的扣6分 每一处防护措施不符合要求或不严密的扣3分 防护设施未形成定型化、工具化的扣6分 电梯井内每隔两层(不大于10m)少一道平网的扣6分	12		
5	预留洞口、坑井防护	每一处无防护措施的扣7分 防护设施未形成定型化、工具化的扣6分 每一处防护措施不符合要求或不严密的扣3分	13		
6	通道口防护	每一处无防护棚的扣5分 每一处防护不严的扣2～3分 每一处防护棚不牢固、材质不符合要求的扣3分	10		
7	阳台、楼板、屋面等临边防护	每一处临边无防护的扣5分 每一处临边防护不严、不符合要求的扣3分	10		
检查项目合计			100		

注:1. 每项最多扣减分数不大于该项应得分数。

2. 该表换算到表 3.0.1 后得分 $=\dfrac{10\times\text{该表检查项目实得分数合计}}{100}$。

13. 施工用电检查评分表

（一）外电防护

外电线路主要指不为施工现场专用的原来已经存在的高压或低压配电线路，外电线路一般为架空线路，个别现场也会遇到地下电缆。由于外电线路位置已经固定，所以施工过程中必须与外电线路保持一定安全距离，当因受现场作业条件限制达不到安全距离时，必须采取屏护措施，防止发生因碰触造成的触电事故。

1.《施工现场临时用电安全技术规范》（以下简称《规范》）规定在架空线路的下方不得施工，不得建造临时建筑设施，不得堆放构件、材料等。

2. 当在架空线路一侧作业时，必须保持安全操作距离。《规范》规定了最小安全操作距离：

外电线路电压	1kV 以下	1～10kV	35～110kV
最小安全操作距离	4m	6m	8m

这里面主要考虑了两个因素：

（1）一是必要的安全距离。尤其是高压线路，由于周围存在的强电场的电感应所致，使附近的导体产生电感应，附近的空气也在电场中被极化，而且电压等级越高电极化就越强，所以必须保持一定安全距离，随电压等级增加，安全距离也相应加大。

（2）二是安全操作距离。考虑到施工现场属动态管理，不像建成后的建筑物与线路距离为静态。施工现场作业过程，特别像搭设脚手架，一般立杆、大横杆钢管长 6.5m，如果距离太小，操作中的安全无法保障，所以这里的“安全距离”在施工现场就变成“安全操作距离”了，除了必要的安全距离外，还要考虑作业条件的因素，所以距离又加大了。

3. 当由于条件所限不能满足最小安全操作距离时，应设置防护性遮拦、栅栏并悬挂警告牌等防护措施。

(1) 在施工现场一般采取搭设防护架，其材料应使用木质等绝缘性材料，当使用钢管等金属材料时，应作良好的接地。防护架距线路一般不小于1m，必须停电搭设（拆除时也要停电）。防护架距作业区较近时，应用硬质绝缘材料封严，防止脚手管、钢筋等误穿越触电。

(2) 当架空线路在塔吊等起重机的作业半径范围内时，其线路的上方也应有防护措施，搭设成门型，其顶部可用5cm厚木板或相当5cm木板强度的材料盖严。为警示起重机作业，可在防护架上端间断设置小彩旗，夜间施工应有彩泡（或红色灯泡），其电源电压应为36V。

（二）接地与接零保护系统

为了防止意外带电体上的触电事故，根据不同情况应采取保护措施。保护接地和保护接零是防止电气设备意外带电造成触电事故的基本技术措施。

1. 接地及其作用

(1) 工作接地

将变压器中性点直接接地叫工作接地，阻值应小于4Ω。有了这种接地可以稳定系统的电压，防止高压侧电源直接窜入低压侧，造成低压系统的电气设备被摧毁不能正常工作的情况发生。

(2) 保护接地

将电气设备外壳与大地连接叫保护接地，阻值应小于4Ω。有了这种接地可以保护人体接触设备漏电时的安全，防止发生触电事故。

(3) 保护接零

将电气设备外壳与电网的零线连接叫保护接零。保护接零是将设备的碰壳故障改变为单相短路故障，保护接零与保护切断相配合，由于单相短路电流很大，所以能迅速切断保险或自动开关跳闸，使设备与电源脱离，达到避免发生触电事故的目的。

(4) 重复接地

所谓重复接地，就是在保护零线上再作的接地就叫重复接地，其阻值应小于10Ω。重复接地可以起到保护零线断线后的补充保护作用，也可降低漏电设备的对地电压和缩短故障持续时间。在一个施工现场中，重复接地不能少于三处（始端、中间、末端）。

在设备比较集中地方如搅拌机棚、钢筋作业区等应做一组重复接地；在高大设备处如塔吊、外用电梯、物料提升机等也要作重复接地。

2. 保护接地与保护接零比较

在低压电网已作了工作接地时，应采用保护接零，不应采用保护接地。因为用电设备发生碰壳故障时，第一，采用保护接地时，故障点电流太小，对1.5kW以上的动力设备不能使熔断器快速熔断，设备外壳将长时间有110V的危险电压；而保护接零能获取大的短路电流，保证熔断器快速熔断，避免触电事故。第二，每台用电设备采用保护接地，其阻值达4Ω，也是需要一定数量的钢材打入地下费工费材料；而采用保护接零敷设的零线可以多次周转使用，从经济上也是比较合理的。

但是在同一个电网内，不允许一部分用电设备采用保护接地，而另外一部分设备采用保护接零，这样是相当危险的，如果采用保护接地的设备发生漏电碰壳时，将会导致采用保护接零的设备外壳同时带电。

3. 关于“TT”与“TN”符号的含义

TT——第一个字母T，表示工作接地；第二个字母T，表示采用保护接地。

TN——第一个字母T，表示工作接地；第二个字母N，表示采用保护接零。

TN-C——保护零线PE与工作零线N合一的系统，（三相四线）。

TN-S——保护零线PE与工作零线N分开的系统，（三相五线）。

TN-C-S—在同一电网内，一部分采用TN-C，另一部分采用

TN-S。

4. 应采用TN-S，不要采用TN-C

《规范》规定，“在施工现场专用的中性点直接接地的电力线路中必须采用TN-S接零保护系统”。

因为TN-C有缺陷：如三相负载不平衡时，零线带电；零线断线时，单相设备的工作电流会导致电气设备外壳带电；对于接装漏电保护器带来困难等。而TN-S由于有专用保护零线，正常工作时不通过工作电流；三相不平衡也不会使保护零线带电；由于工作零线与保护零线分开，可以顺利接装漏电保护器等。由于TN-S具有的优点，克服了TN-C的缺陷，从而给施工用电提高了本质安全。

5. 工作零线与保护零线分设

工作零线与保护零线必须严格分开。在采用了TN-S系统后，如果发生工作零线与保护零线错接，将导致设备外壳带电的危险。

(1) 保护零线应由工作接地线处引出，或由配电室（或总配电箱）电源侧的零线处引出。

(2) 保护零线严禁穿过漏电保护器，工作零线必须穿过漏电保护器。

(3) 电箱中应设两块端子板（工作零线N与保护零线PE)，保护零线端子板与金属电箱相连，工作零线端子板与金属电箱绝缘。

(4) 保护零线必须做重复接地，工作零线禁止做重复接地。

(5) 保护零线的统一标志为绿/黄双色线，在任何情况下不准使用绿/黄双色线作负荷线。

6. 采用TN系统还是采用TT系统，依现场的电源情况而定

《规范》规定：“当施工现场与外电线路共用同一供电系统时，电气设备应根据当地要求作保护接零，或作保护接地。不得一部分设备作保护接零，另一部分设备作保护接地。”

(1) 当施工现场采用电业部门高压侧供电，自己设置变压器

形成独立电网的，应作工作接地，必须采用TN-S系统。

(2) 当施工现场有自备发电机组时，接地系统应独立设置，也应采用TN-S系统。

(3) 当施工现场采用电业部门低压侧供电，与外电线路同一电网时，应按照当地供电部门的规定采用TT或采用TN。例如上海、天津、浙江等地供电部门规定做接地保护，施工现场也要采用TT系统，不得采用TN系统。

(4) 当分包单位与总包单位共用同一供电系统时，分包单位应与总包单位的保护方式一致，不允许一个单位采用TT系统而另外一个单位采用TN系统。

(三) 配电箱、开关箱

施工现场的配电箱是电源与用电设备之间的中枢环节，而开关箱是配电系统的末端，是用电设备的直接控制装置，它们的设置和运用直接影响着施工现场的用电安全。

1. 关于“三级配电两级保护”

(1)《规范》要求，配电箱应作分级设置，即在总配电箱下，设分配电箱，分配电箱以下设开关箱，开关箱以下就是用电设备，形成三级配电。这样配电层次清楚，既便于管理又便于查找故障。同时要求，照明配电与动力配电最好分别设置，自成独立系统，不致因动力停电影响照明。

(2)“两级保护”主要指采用漏电保护措施，除在末级开关箱内加装漏电保护器外，还要在上一级分配电箱或总配电箱中再加装一级漏电保护器，总体上形成两级保护。

2. 关于加装漏电保护器

《规范》规定：“施工现场所有用电设备，除作保护接零外，必须在设备负荷线的首端处设置漏电保护装置”。

施工现场虽然改TN-C为TN-S后，提高了供电安全，但由于仍然存在着保护灵敏度有限问题，对于大容量设备的碰壳故障不能迅速切断保险，对于较小电流的漏电故障又不能切断保险，而这种漏电电流对作业人员仍然有触电的危险，所以还必须加装漏电保护器进行保护。在加装漏电保护器时，不得拆除原有的保护接零（接地）措施。

3. 关于漏电保护器的主要参数

(1) 额定漏电动作电流。当漏电电流达到此值时，保护器动作。

(2) 额定漏电动作时间。指从达到漏电动作电流时起，到电路切断为止的时间。

(3) 额定漏电不动作电流。漏电电流在此值和此值以下时，保护器不应动作，其值为漏电动作电流的1/2。

(4) 额定电压及额定电流。与被保护线路和负载相适应。

4. 参数的选择与匹配

(1) 两级漏电保护器应匹配：

《规范》规定："总配电箱和开关箱中两级漏电保护器的额定漏电动作电流和额定漏电动作时间应合理配合，使之具有分级分段保护功能"。

"两级保护"是指将电网的干线与分支线路作为第一级，线路末端作为第二级。第一级漏电保护区域较大，停电后影响也大，漏电保护器灵敏度不要求太高，其漏电动作电流和动作时间应大于后面的第二级保护，这一级保护主要提供间接保护和防止漏电火灾，如果选用参数过小就会导致误动作影响正常生产。

漏电保护器的漏电不动作电流应大于供电线路和用电设备的总泄漏电流值 2 倍以上，在电路末端安装漏电动作电流小于30mA 的高速动作型漏电保护器，这样形成分级分段保护，使每台用电设备均有两级保护措施。

分级保护时，各级保护范围之间应相互配合，应在末端发生事故时，保护器不会越级动作和当下级漏电保护器发生故障时，上级漏电保护器动作以补救下级失灵的意外情况。

(2) 总分配电箱（第一级保护）：

总分配电箱一般不宜采用漏电掉闸型，总电箱电源一经切断将影响整个低压电网用电，使生产和生活遭受影响，漏电保护器灵敏度不要求太高，可选用中灵敏度漏电报警和延时型保护器。漏电动作电流应按干线实测泄漏电流 2 倍选用，一般可选漏电动作电流值为 300～1000mA。

（3）分配电箱（第二级保护）：

分配电箱装设漏电保护器不但对线路和用电设备有监视作用，同时还可以对开关箱起补充保护作用。分配电箱漏电保护器主要提供间接保护作用，参数选择不能过于接近开关箱，应形成分级分段保护功能，当选择参数太大会影响保护效果，但选择参数太小会形成越级跳闸，分配电箱先于开关箱跳闸。

人体对电击的承受能力，除了和通过人体的电流大小有关外，还与电流在人体中持续的时间有关。根据这一理论，国际上把设计漏电保护器的安全限值定为 30mA·s，即使电流达到 100mA，只要漏电保护器在 0.3s 之内动作切断电源，人体尚不会引起致命的危险。这个值也是提供间接接触保护的依据。

分配电箱漏电保护器主要提供间接保护，其参数按支线上实测泄漏电流值的 2.5 倍选用，一般可选漏电动作电流值为 100～200mA（不应超过 30mA·s 限值）。

（4）开关箱（第三级保护）：

《规范》规定："开关箱内的漏电保护器其额定漏电动作电流应不大于 30mA，额定漏电动作时间应小于 0.1s。

使用于潮湿和有腐蚀介质场所的漏电保护器应采用防溅型产品，其额定漏电动作电流应不大于 15mA，额定漏电动作时间应小于 0.1s"。

开关箱是分级配电的末级，使用频繁危险性大，应提供间接接触防护和直接接触防护，主要用来对有致命危险的人身触电防护。

虽然设计漏电保护器的安全界限值为 30mA·s，但当人体和相线直接接触时，通过人体的触电电流与所选择的漏电保护器的动作电流无关，它完全由人体的触电电压和人体在触电时的人体电阻所决定（人体阻抗随接触电压的变化而变化），由于这种触电的危险程度往往比间接触电的情况严重，所以临电规范及国标都规定：“用于直接接触电击防护时，应选用高灵敏度、快速动作型的漏电保护器，动作电流不超过 30mA”。所指快速动作型即动作时间小于 0.1s。由此用于直接接触防护漏电保护器的参数选择即为 30mA×0.1s=3mA·s。这是在发生直接接触触电事故时，从电流值考虑应不大于摆脱电流；从通过人体电流的持续时间上，小于一个心博周期，而不会导致心室颤动。当在潮湿条件下，由于人体电阻的降低，所以又规定了漏电动作电流不应大于 15mA。

5. 漏电保护器的测试

测试内容分两项，第一项测试联锁机构的灵敏度，其测试方法为按动漏电保护器的试验按钮三次；带负荷分、合开关三次，均不应有误动作；第二项测试特性参数，测试内容为：漏电动作电流、漏电不动作电流和分断时间，其测试方法应用专用的漏电保护器测试仪进行。以上测试应该在安装后和使用前进行，漏电保护器投入运行后定期（每月）进行，雷雨季节应增加次数。

6. 隔离开关

(1) 隔离开关一般多用于高压变配电装置中。《规范》考虑了施工现场实际情况，强调电箱内设置电源隔离开关，其主要用途，是在检修中保证电气设备与其他正在运行的电气设备隔离，并给工作人员有可以看见的在空气中有一定间隔的断路点，保证检修工作的安全。隔离开关没有灭弧能力，绝对不可以带负荷拉闸或合闸，否则触头间所形成的电弧，不仅会烧毁隔离开关和其他邻近的电气设备，而且也可能引起相间或对地弧光造成事故，因此必须在负荷开关切断以后，才能拉开隔离开关，只有先合上隔离开关后，再合负荷开关。

(2)《规范》规定，总配电箱、分配电箱以及开关箱中，都要装设隔离开关，满足“能在任何情况下都可以使用电设备实行电源隔离”的规定。

(3) 空气开关不能用作隔离开关：

自动空气断路器简称空气开关或自动开关，是一种自动切断线路故障用的保护电器，可用在电动机主电路上作为短路、过载和欠压保护作用，但不能用作电源隔离开关。主要由于空气开关没有明显可见的断开点、断开点距离小易击穿，难以保障可靠的绝缘以及触点有时发生粘合现象，鉴于以上情况，一般可将刀开关、刀形转换开关和熔断器用作电源隔离开关。刀开关和刀形转换开关可用于空载接通和分断电路的电源隔离开关，也可用于直接控制照明和不大于 5.5kW 的动力电路。熔断器主要用作电路的短路保护，也可作为电源隔离开关使用。

7."一机一闸一漏一箱"

这个规定主要是针对开关箱而言的。《规范》规定："每台用电设备应有各自专用的开关箱"这就是一箱，不允许将两台用电设备的电气控制装置合置在一个开关箱内，避免发生误操作等事故。

《规范》规定："必须实行'一机一闸'制，严禁同一个开关电器直接控制二台及二台以上用电设备（含插座）"。这就是一机一闸，不允许一闸多机或一闸控制多个插座的情况，主要也是防止误操作等事故发生。

《规范》规定："开关箱中必须装设漏电保护器"这就是一漏，因为规范规定每台用电设备都要加装漏电保护器，所以不能有一个漏电保护器保护二台或多台用电设备的情况，否则容易发生误动作和影响保护效果。另外还应避免发生直接用漏电保护器兼作电器控制开关的现象，由于将漏电保护器频繁动作，将导致损坏或影响灵敏度失去保护功能。(漏电保护器与空气开关组装在一起的电器装置除外)。

8.电箱的安装位置

(1)《规范》规定："总配电箱应设在靠近电源的地区。分配电箱应装设在用电设备或负荷相对集中的地区，分配电箱与开关箱的距离不得超过 30m。开关箱与其控制的固定式用电设备的水平距离不宜超过 3m。"主要考虑当发生电气及机械故障时，可以迅速切断电源，减少事故持续时间，另外也便于管理。

(2)《规范》规定："配电箱、开关箱应装设在干燥，通风及常温场所"、"周围应有足够二人同时工作的空间和通道。"、"应装设端正、牢固，移动式配电箱，开关箱应装设在坚固的支架上。"、"固定式配电箱、开关箱的下底与地面的垂直距离应为1.3m～1.5m；移动式分配电箱、开关箱的下底距地面大于0.6m，小于1.5m"。

(3)《规范》规定：不允许使用木质电箱和金属外壳木质底板。"配电箱内的电器应首先安装在金属或非木质的绝缘电器安装板上，然后整体紧固在配电箱体内"。"箱内的连接线应采用绝缘导线，接头不得有外露部分。"、"进、出线应加护套分路成束并做防水弯，导线束不得与箱体进、出口直接接触"。"移动式配电箱和开关箱的进、出线必须采用橡皮绝缘电缆。"

9.《规范》规定："所有配电箱均应标明其名称、用途，并作出分路标记"。

10.《规范》规定："所有配电箱门应配锁，配电箱和开关箱应由专人负责"。

"施工现场停止作业一小时以上时，应将动力开关箱断电上锁。"

(四) 现场照明

1.《规范》规定："照明灯具的金属外壳必须做保护接零。单相回路的照明开关箱内必须装设漏电保护器"。由于施工现场的照明设备也同动力设备一样有触电危险，所以也应照此规定设置漏电保护器。

2. 照明装置在一般情况下其电源电压为220V，但在下列情况下应使用安全电压的电源：

(1) 室外灯具距地面低于3m，室内灯具距地面低于2.4m时，应采用36V；

(2) 使用行灯其电源的电压不超过36V；

(3) 隧道、人防工程电源电压应不大于36V；

（4）在潮湿和易触及带电体场所电源电压不得大于24V；

（5）在特别潮湿场所和金属容器内工作照明电源电压不得大于12V。

3．安全电压

为防止触电事故而采用的由特定电源供电的电压系列。安全电压额定值的等级为42V、36V、24V、12V、6V。当采用24V以上的安全电压时，其电器及线路应采取绝缘措施。

安全电压的数值不是“50V”一个电压等级而是一个系列，其等级如何选用是与作业条件有关的。我们国家在1983年以前一直没有单独的安全电压标准，过去习惯上多引用行灯电压36V，对于36V的安全是有条件的，允许触电持续时间为3～10s，而不是长时间直接接触也不会有危险，所以规定了在采用超过24V的安全电压时，必须有相应的绝缘措施。对安全电压应该正确理解：第一架设36V的电线时，也应遵守一般220V架线规定，不能乱拉乱扯，应用绝缘子沿墙布线，接头应包扎严密；第二应按作业条件选择安全电压等级，不能一律采用36V，在特别潮湿及金属容器内，应采用24V以下及12V电压的电源。

4．碘钨灯

碘钨灯是一种石英玻璃灯管充以碘蒸气的白炽灯，由于他体积小，使用时间长，光效高的特点，所以经常被施工现场作为照明灯具采用。碘钨灯有220V和36V两种，220V只适用作固定式灯具，安装高度不低于3m，倾斜不大于4°，外壳应做保护接零，由于工作温度可达1200℃以上，所以应距易燃物30cm以上。当作移动式照明灯具时，应采用36V碘钨灯，按行灯对待。当移动不频繁时，也可采用220V碘钨灯，但应按Ⅰ类手持式电动工具要求，除外壳做保护接零外，应加装漏电保护器，移动人员应穿戴绝缘防护用品。

（五）配电线路

1．《规范》规定：“架空线路必须采用绝缘铜线或绝缘铝线”。这里强调了必须采用“绝缘”导线，由于施工现场的危险性，故严禁使用裸线。导线和电缆是配电线路的主体，绝缘必须良好，是直接接触防护的必要措施，不允许有老化、破损现象，接头和包扎都必须符合规定。

2.《规范》规定："电缆干线应采用埋地或架空敷设，严禁沿地面明敷，并应避免机械伤害和介质腐蚀。"、"穿越建筑物、构筑物、道路、易受机械损伤的场所及电缆引出地面从2m高度至地下0.2m处，必须加设防护套管"，施工现场不但对电缆干线应该按规定敷设，同时也应注意对一些移动式电气设备所采用的橡皮绝缘电缆的正确使用，应采用钢索架线，不允许长期浸泡在水中和穿越道路不采取防护措施的现象。

3.对架空线路《规范》规定："木电杆的梢径应不小于130mm"、"架空线路的档距不得大于35m；线间距离不得小于0.3m"、"四线横担长1.5m，五线横担长1.8m"、"与地面最大弧垂：施工现场4m，机动车道6m"。除以上规定外，还对架空线路相序排列进行规定：

(1) 五线导线相序的排列：面向负荷从左侧起为L_1、N、L_2、L_3、PE；

(2) 动力与照明分别架设时上层横担：$L_1 \cdot L_2 \cdot L_3$；下层横担：L_1（L_2、L_3）·N·PE。

4.应该采用五芯电缆

施工现场临时用电由TN-C改变为TN-S后，多增加了一根专用的保护零线，这根专用的保护零线任何时候不允许有断线情况发生，否则将失去保护。施工现场线路由四线改成五线后，电缆的型号和规格也要相应改变采用五芯电缆。由于企业原有的四芯电缆仍想利用，于是就在四芯电缆外侧敷设一根PE线替代五芯电缆。这种作法的弊病是：两种线路绝缘程度、机械强度、抗腐蚀能力以及载流量不匹配，带来使用上的不合理容易引发事故。

当施工现场的配电方式采用了动力与照明分别设置时，三相设备线路可采用四芯电缆，单相设备和照明线路可采用三芯电缆，四芯电缆仍然可以使用。

5. 对电缆埋地规范也进行了规定

(1) 直埋电缆必须是铠装电缆，埋地深度不小于0.6m，并在电缆上下铺5cm厚细砂，防止不均匀沉降，最上部覆盖硬质保护层，防止误伤害。

(2) “橡皮电缆架空敷设时，应沿墙壁或电杆设置，并用绝缘子固定，严禁使用金属裸线作绑线，固定点间距应保证橡皮电缆能承受自重所带来的荷重。橡皮电缆最大弧垂距地不得小于2.5m”。

(3) 对高层、多层建筑施工的室内用电，不允许由室外地面电箱用橡皮电缆从地面直接引入各楼层使用。其原因：一是电缆直接受拉易造成导线截面变细过热；二是距控制箱过远遇故障不能及时处理；三是线路乱不好固定容易引发事故。《规范》规定：“在建高层建筑的临时配电必须采用电缆埋地引入，电缆垂直敷设的位置应充分利用在建工程的竖井、垂直孔洞等，并应靠近用电负荷中心，固定点每楼层不得少于一处。电缆水平敷设宜沿墙或门口固定。最大弧垂距地不得小于1.8m”。电缆垂直敷设后，可每层或隔层设置分配电箱提供使用，固定设备可设开关箱，手持电动工具可设移动电箱。

(六) 电器装置

《规范》规定：“配电箱开关箱内的开关电器应按其规定的位置紧固在电器安装板上，不得歪斜和松动。”、“箱内的电器必须可靠完好，不准使用破损、不合格的电器。”、为便于维修和检查“漏电保护器应装设在电源隔离开关的负荷侧。”、“各种开关电器的额定值应与其控制用电设备的额定值相适应”。“容量大于5.5kW的动力电路应采用自动开关电器”、“熔断器的熔体更换时，严禁用不符合原规格的熔体代替”。

关于熔断器。熔断器的种类很多，结构不同，但作用是相同的，串联在电路里，是电路中受热最薄弱的一个环节，当电流超过时，它首先熔断，保护电气不受损害，起过载和短路保护作用。熔丝是低熔点合金丝，各种规格熔丝都有规定的熔断电流标准，其他金属丝没有进行熔断电流鉴定，所以不准用于熔断器上。

熔断器及熔体的选择，应视电压及电流情况，一般单台直接起动电动机熔丝可按电动机额定电流2倍左右选用。（不能使用合股熔丝）

当使用旧型胶盖闸时，由于无灭弧装置，应将熔丝用铜丝短接，并在电源侧另加插保险防止弧光断路及灼伤事故。

（七）变配电装置

1. 配电室（见规范第五章第一节规定）

（1）配电室建筑及尺寸应符合规范要求。配电屏的周围通道宽度应符合规定。

（2）成列配电屏两端应与保护零线连接。

（3）配电屏应装电度表，分路装电流、电压表；装短路、过负荷保护和漏电保护装置。

（4）配电屏配电线路应编号，标明用途。维修时，应悬挂停电标志牌，停送电必须有专人负责。

2. 总配电箱

（1）应装设电压表、总电流表、总电度表及其他仪表。

（2）应装设总隔离开关和分路隔离开关、总熔断器和分路熔断器（或总自动开关和分路自动开关），以及漏电保护器。若漏电保护器同时具备过负荷和短路保护功能，则可不设分路熔断器或分路自动开关。总开关额定值及动作整定值应与分路开关的额定值及动作整定值相适应。

（八）用电档案

《规范》规定："施工现场临时用电必须建立安全技术档案，其内容应包括：

（1）临时用电施工组织设计全部资料；

（2）修改临时用电施工组织设计资料；

（3）技术交底资料；

（4）临时用电工程检查验收表；
（5）电气设备的试、检验凭单和调试记录；
（6）接地电阻测定记录表；
（7）定期检（复）查表；
（8）电工维修工作记录。

按照规定临时用电安全技术档案包括以上八个方面的资料。

1．临时用电施工组织设计

包括临时用电施工组织设计的全部资料和修改施工组织设计的全部资料。包括:现场勘探、所有电气装置、用电设备方面的详细统计资料、负荷计算以及电气布置图等资料。

《规范》规定:"临时用电设备在5台及5台以上或设备总容量在50kW及50kW以上者,应编制临时用电施工组织设计。"、"临时用电施工组织设计必须由电气工程技术人员编制,技术负责人审核,经主管部门批准后实施"。临时用电施工组织设计应按照《施工现场临时用电安全技术规范》编制人员所编写的《施工现场临时用电施工组织设计》一书中所要求的程序、方法进行。

2．技术交底

是指临时用电施工组织设计被批准实施前，电气工程技术人员向安装、维修电工和各种用电设备人员分别贯彻交底的文字资料。包括总体意图、具体技术要求、安全用电技术措施和电气防火措施等文字资料。

3．安全检测记录

主要内容包括：临时用电工程检查验收表、电气设备的试、检验凭单和调试记录等。其中接地电阻测定记录应包括电源变压器投入运行前其工作接地阻值和重复接地阻值，以及定期检查复查接地阻值测定记录。

4．电工维修工作记录

电工维修工作记录是反映电工日常电气维修工作情况的资料，应尽可能记载详细，包括时间、地点、设备、维修内容、技术措施、处理结果等。对于事故维修还要作出分析提出改进意见。

施工用电检查评分表 **表 3.0.8**

序号	检查项目		扣分标准	应得分数	扣减分数	实得分数
1	保证项目	外电防护	小于安全距离又无防护措施的扣 20 分 防护措施不符合要求，封闭不严的扣 5～10 分	20		
2		接地与接零保护系统	工作接地与重复接地不符合要求的扣 7～10 分 未采用 TN-S 系统的扣 10 分 专用保护零线设置不符合要求的扣 5～8 分 保护零线与工作零线混接的扣 10 分	10		
3		配电箱开关箱	不符合“三级配电两级保护”要求的扣 10 分 开关箱（末级）无漏电保护或保护器失灵，每一处扣 5 分 漏电保护装置参数不匹配，每发现一处扣 2 分 电箱内无隔离开关每一处扣 2 分 违反“一机、一闸、一箱”的每一处扣 5～7 分 安装位置不当、周围杂物多等不便操作的每一处扣 5 分 闸具损坏、闸具不符合要求的每一处扣 5 分 配电箱内多路配电无标记的每一处扣 2 分 电箱无门、无锁、无防雨措施的每一处扣 2 分	20		
4		现场照明	照明专用回路无漏电保护的扣 5 分 灯具金属外壳未作接零保护的每 1 处扣 2 分 室内线路及灯具安装高度低于 2.4m 未使用安全电压供电的扣 10 分 潮湿作业未使用 36V 以下安全电压的扣 10 分 使用 36V 安全电压照明线路混乱和接头处未用绝缘布包扎的扣 5 分 手持照明灯未使用 36V 及以下电源供电的扣 10 分	10		
		小计		60		

续表

序号	检查项目		扣分标准	应得分数	扣减分数	实得分数
5	一般项目	配电线路	电线老化、破皮未包扎的每一处扣10分 线路过道无保护的每一处扣5分 电杆、横担不符合要求的扣5分 架空线路不符合要求的扣7～10分 未使用五芯线（电缆）的扣10分 使用四芯电缆外加一根线替代五芯电缆的扣10分 电缆架设或埋设不符合要求的扣7～10分	15		
6		电器装置	闸具、熔断器参数与设备容量不匹配、安装不合要求的每一处扣3分 用其他金属丝代替熔丝的扣10分	10		
7		变配电装置	不符合安全规定的扣3分	5		
8		用电档案	无专项用电施工组织设计的扣10分 无地极阻值摇测记录的扣4分 无电工巡视维修记录或填写不真实的扣4分 档案乱、内容不全、无专人管理的扣3分	10		
		小计		40		
检查项目合计				100		

注：1．每项最多扣减分数不大于该项应得分数。

2．保证项目有一项不得分或保证项目小计得分不足40分的，检查评分表计零分。

3．该表换算到表3.0.1后得分$=\frac{10\times \text{该表检查项目实得分数合计}}{100}$。

14. 物料提升机（龙门架、井字架）检查评分表

起重机械的分类中有升降机类，升降机一般包括：载人电梯、人货两用电梯和物料提升机。此检查表是指物料提升机并按照《龙门架及井架物料提升机安全技术规范》的有关规定制订。

（一）架体制作

1.目前载人电梯及人货两用电梯已基本定点生产由厂家制作，而物料提升机，特别是低架（高度在30m以下）的提升机，多数不是厂家的产品，而是企业自己制作，为杜绝结构无设计依据，制作无工艺要求，验收无检测手段，粗制、滥造，以致在使用中不能满足要求，造成事故，特规定：

(1) 架体必须按照《龙门架及井架物料提升机安全技术规范》(以下简称《规范》) 的要求进行设计计算并经上级相关部门和总工审批。

(2)《规范》规定架体形式为门架式和井架式，并规定提升机构是以地面卷扬机为动力、沿导轨做垂直运行的提升机。

(3)《规范》不包括使用脚手钢管和扣件做材料，在施工现场临时搭设的井架，而是指采用型钢材料，预制成标准件或标准节，到施工现场按照设计图纸进行组装的架体。

2.若使用厂家生产的产品，应有有关部门的鉴定材料和市级建筑安全监督管理部门核发的准用证。

（二）限位保险装置

1.吊篮停靠装置

物料提升机是只准运送物料不准载人的提升设备，但是当装载物料的吊篮运行到位时，仍需作业人员进入到吊篮内将物料运出。此时由于作业人员的进入，需有一种安全装置对作业人员的安全进行保护，即当吊篮的钢丝绳突然断开时，吊篮内的作业人

员不致受到伤害。

（1）安全停靠装置。当吊篮运行到位时，停靠装置能将吊篮定位，并能可靠地承担吊篮自重、额定荷载及吊篮内作业人员和运送物料时的工作荷载。此时荷载全部由停靠装置承担，提升钢丝绳只起保险作用。安全检查时应做动作试验验证。

（2）断绳保护装置。是安全停靠的另一种型式，即当吊篮运行到位作业人员进入吊篮内作业，或当吊篮上下运行中，若发生断绳时，此装置迅速将吊篮可靠地停住并固定在架体上，确保吊篮内作业人员不受伤害。但是许多事故案例说明，此种装置可靠性差，必须在装有断绳保护装置的同时，还要求有安全停靠装置。

2. 安全装置应定型化

许多物料提升机虽具有安全装置，但从实际运行中和动作试验中考核，其灵敏度、可靠度都不能满足要求，从而影响生产达不到安全效果。各种安全装置从设计、使用到定型，应该是一个不断完善的过程，大家推广使用的应该是既灵敏可靠又构造简单便于管理的装置。

3. 超高限位装置

或称上极限限位器，主要作用是限定吊篮的上升高度，（吊篮上升的最高位置与天梁最低处的距离不应小于 3m），此距离是考虑到意外情况下，电源不能断开时，吊篮仍将继续上升，可能造成事故，而此越程可使司机采用紧急断电开关切断电源，防止吊篮与天梁碰撞。安全检查时应做动作试验验证。

（1）当动力采用可逆式卷扬机时，超高限位可采取切断提升电源方式，电机自行制动停车，再开动时电机反转使吊篮下降。

（2）当动力采用摩擦式卷扬机时，超高限位不准采用切断提升电源方式，否则会发生因提升电源被切断，吊篮突然滑落的事故。应采用到位报警（响铃）方式，以提示司机立即分离离合器，并用手刹制动，然后慢慢松开制动使吊篮滑落。

4. 高架提升机的安全装置

《规范》规定，高架（30m以上）提升机，除具备低架提升机的安全装置外，还应具有以下装置：

（1）下极限限位器。当吊篮下降运行至碰到缓冲器之前限位器即能动作，当吊篮达到最低限定位置时，限位器自动切断电源，吊篮停止下降。安全检查时应经动作试验验证。

（2）缓冲器。在架体的最下部底坑内设置缓冲器，当吊篮以额定荷载和规定的速度作用到缓冲器上时，应能承受相应的冲击力。缓冲器的型式可采用弹簧或橡胶等。

（3）超载限制器，主要考虑当使用高架提升机时，由于上下运行距离长所用时间多，运料人员往往尽量多装物料以减少运行次数而造成超载。此装置可在达到额定荷载的90%时，发出报警信号提示司机，荷载达到和超过额定荷载时，切断起升电源。安全检查时应做动作试验验证。

（三）架体稳定

提升机架体稳定的措施一般有两种，当建筑主体未建造时，采用缆风绳与地锚方法；当建筑物主体已形成时，可采用连墙杆与建筑结构连接的方法来保障架体的稳定。

1. 缆风绳

（1）《规范》规定，提升机架体在确保本身强度的条件下，为保证整体稳定采用缆风绳时，高度在20m以下可设一组（不少于4根），高度在30m以下不少于两组，超过30m时不应采用缆风绳方法，应采用连墙杆等刚性措施。

（2）提升机的缆风绳应根据受力情况经计算确定其材料规格，一般情况选用钢丝绳直径不小于9.3mm。

（3）按照缆风绳的受力工况，必须采用钢丝绳（安全系数K=3.5），不允许采用钢筋、多股铅丝等其他材料替代。

（4）缆风绳应与地面成45°～60°夹角，与地锚拴牢，不得拴在树木、电杆、堆放的构件上。

（5）地锚的设置应视受力情况，一般应采用水平地锚进行埋设，露出地面的索扣必须采用钢丝绳，不得采用钢筋或多股铅丝。当提升机低于 20m 和坚硬的土质情况下，也可采用脚手钢管等型钢材料打入地下 1.5～1.7m，并排两根，间距 0.5～1m，顶部用横杆及扣件固定，使两根钢管同时受力，同步工作。

2. 与建筑结构连接

（1）连墙杆选用的材料应与提升机架体材料相适应，连接点紧固合理，与建筑结构的连接处应在施工方案中有预埋（预留）措施。

（2）连墙杆与建筑结构相连接并形成稳定结构架，其竖向间隔不得大于 9m，且在建筑物的顶层必须设置 1 组。架体顶部自由高度不得大于 6m。

（3）在任何情况下，连墙杆都不准与脚手架相连接。

（四）钢丝绳

1. 钢丝绳断丝数在一个节距中超过 10%、钢丝绳锈蚀或表面磨损达 40%以及有死弯、结构变形绳芯挤出等情况时，应报废停止使用。断丝或磨损小于报废标准的应按比例折减承载能力。

2. 钢丝绳用绳卡连接时，钢丝绳直径为 7～16mm 时，绳卡不少于 3 个；钢丝绳直径 19～27mm 时，绳卡不少于 4 个。绳卡间距为钢丝绳直径的 6～8 倍。绳卡紧固应将鞍座放在承受拉力的长绳一边，U 形卡环放在返回的短绳一边，不得一倒一正排列。

3. 当钢丝绳穿越道路时，为避免碾压损伤应有过路保护。钢丝绳使用中不应拖地，减少磨损和污染。

（五）楼层卸料平台防护

1. 在建工程各层与提升机连接处可搭设卸料通道，通道两侧应按临边防护规定设置防护拦杆及档脚板。通道脚手板要铺平绑牢，保证运输作业安全进行。

2. 各层通道口处都应设置常闭型的防护门（或防护拦杆），只有当吊篮运行到位时，楼层防护门方可开启。只有当各层防护门全部关闭时，吊篮方可上下运行。在防护门全部关闭之前，吊篮应处于停止状态。防护门应定型确认可行。

3. 提升机架体地面进料口处应搭设防护棚，防止物体打击事故。防护棚材质应能对落物有一定防御能力和强度（5cm 厚木板或相当于 5cm 木板强度的其他材料）。防护棚的尺寸应视架体的宽度和高度而定（可按“坠落半径”确定），防护棚两侧应挂立网，防止人员从侧面进入。

（六）吊篮

1. 吊篮的进料口处应设置安全门，待吊篮降落地面时打开，便于进出物料；吊篮起升时关闭，防止吊篮运行中物料滚落。当吊篮运行到位时，安全门又可作为临边防护，防止进入吊篮内作业人员发生坠落事故。吊篮的安全门应定型化，构造简单，安全可靠。

2. 高架提升机应采用吊笼运送物料，吊笼的顶板可采用 5cm 厚木板，主要为防止作业人员进入吊笼内作业时的落物打击。

3. 物料提升机在任何情况下都不准许人员乘吊篮、吊笼上下。

4. 关于禁止吊篮使用单根钢丝绳提升问题。

在编制《标准》审定会上，一些地区提出了由于吊篮使用单绳从而带来了不安全和导致发生事故，因此应禁止使用单绳提升吊篮。一般的作法是物料提升机的吊篮上设置动滑轮，提升钢丝绳尾端固定在天梁上，经穿绕吊篮动滑轮、天梁定滑轮再经地面定滑轮至卷扬机。此时提升钢丝绳受力仅为提升荷载的 1/2；而当使用单根钢丝绳提升将钢丝绳尾端直接设在吊篮上时，则钢丝绳受力增加了 1 倍。相应的滑轮直径及卷扬机的功率也要加大，造成设计上不合理；除此外还带来稳定性差，特别当使用缆风绳稳定架体时，因制作与安装的精度差，绝大多数的提升机不能保证吊篮导靴与导轨之间的合理间隙，由于吊篮内装载物料的不均衡，使得吊篮在运行中左右冲撞架体，增加了架体的磨损和不稳定，如果改为单根绳提升吊篮，则吊篮运行速度加快，从而加剧了架体的不稳定性，给使用带来了不安全因素。

（七）安装验收

1.《规范》规定物料提升机在重新安装后使用之前，必须进行整机试验，确认符合要求方可投入运行。

2. 试验方法及内容

（1）试验前编制试验方案，并对提升机和试验场地进行全面检查，确认符合要求；

（2）空载试验。在空载情况下按照提升机正常工作时需作的各种动作，包括上升、下降、变速、制动等，在全程范围内以各种工作速度反复试验，不少于3次。并同时试验各安全装置的灵敏度；

（3）额定荷载试验。吊篮内按设计规定的荷载，按偏心位置1/6处加入，然后按空载试验动作反复进行，不少于3次；

（4）试验中检查动作和安全装置的可靠性，有无异常现象，金属结构不得出现永久变形、可见裂纹、油漆脱落、节点松动以及振颤、过热等现象；

（5）将组装后检验的结果和试验过程中检验的情况按照要求认真填写记录，最后由参加试验的人员签字确认是否符合要求。

（八）架体

1.《规范》规定："安装与拆除作业前，应根据现场工作条件及设备情况编制作业方案。对作业人员进行分工交底，确定指挥人员，划定安全警戒区域并设监护人员，排除作业障碍"。物料提升机的事故大多发生在安装和拆除过程中，其主要原因是安装、拆除没有一个合理的程序，作业队伍素质不高，又没有可遵照执行的作业方案，作业条件变化大，工作中不能预见危险，导致事故发生。

2. 物料提升机的基础应按图纸要求施工。高架提升机的基础应进行设计计算；低架提升机在无设计要求时，可按素土夯实后，浇C20混凝土，厚300mm。

3. 物料提升机架体安装后的垂直偏差，最大不应超过架体高度的1.5‰；多次使用重新安装时，其偏差不应超过3‰，并不得超过200mm。

4. 架体与吊篮的间隙，即吊篮导靴与导轨的间隙，应控制在5～10mm以内。

5. 为防止落物打击，在架体外侧沿全高用立网（不要求用密目网）防护。立网防护后不应遮挡司机视线。

6. 在提升机架体上安装摇臂扒杆时，必须按原设计要求进行，并应加装保险绳，确保扒杆的作业安全。作业时，吊篮与扒杆不能同时使用。

7.《规范》规定："井架式提升机的架体，在与各楼层通道相接的开口处，应采取加强措施。"因吊篮到位后，作业人员需运送物料，架体结构的原缀条可能会被拆除，为不使架体的断面形成局部减弱，应有临时加强措施。

（九）传动系统

1. 固定卷扬机时不得利用树木、电杆，必须采用地锚，卷扬机前方应打入两根立桩防止卷扬机受力后转动。

2. 卷筒上钢丝绳应顺序排列，不能产生乱绳。钢丝绳在卷筒上不顺序排列时，绳间容易相互挤压，破坏绳的结构，绳芯挤出不能继续使用。实践证明，钢丝绳不按顺序排列造成的损坏，远大于正常使用的钢丝绳的磨损。

3. 卷扬机稳装的位置按照要求应该满足"从卷筒中心线到第一个导向滑轮的距离，带槽卷筒应大于卷筒宽度的15倍，无槽卷筒应大于20倍。"的要求。以上规定的主要目的是满足钢丝绳可以自动在卷筒上按顺序排列，不致造成错叠和脱离卷筒。

4.《规范》规定："滑轮应选用滚动轴承支承。滑轮组与架体（或吊篮）应采用刚性连接，严禁采用钢丝绳、铅丝等柔性连接和使用开口拉板式滑轮"。物料提升机是属于固定式起重机械，不是现场临时组成的起重扒杆，其制造设计都按正式图纸制作有工艺要求。有些单位的提升机没有经正式设计，传动机构的滑轮也是临时使用拉板式用钢丝绳捆绑在架体上，滑轮工作可靠性差，由于采用绑扎连接造成磨损和不稳定，导向滑轮不稳定造成钢丝绳运行的振颤很不安全。应该使用轴承滑轮用螺栓与架体固定，不但钢丝绳运行可靠同时也便于保养。

滑轮应经常检查，发现翼缘磨偏应及时整修，翼缘破损及时更换。

5. 当卷扬机设置位置不能保障钢丝绳在卷筒上顺排时，应装设排绳装置和防止钢丝绳超越卷筒两端凸缘的保险装置。

6.《规范》规定："滑轮组的滑轮直径与钢丝绳直径比例：低架提升机不应小于25；高架提升机不应小于30。"滑轮直径与钢丝绳直径的比值是按照机构的工作级别而规定的，工作级别越高其比值就越大。由于钢丝绳工作时受拉伸、弯曲和挤压，受力情况比较复杂，而钢丝绳的弯曲直接与所采用的滑轮直径有关，滑轮直径小，钢丝绳的弯曲就大，产生的弯曲应力也就大。相反，滑轮与绳径比值越大，弯曲应力也就越小，当滑轮与钢丝绳直径的比值足够时，就可以不考虑弯曲的影响，只按受拉计算。考虑到高架提升机天梁位置较高，不便日常的维护保养，故比值较低架提升机加大，则滑轮工作更平稳，保养周期可以更长一些。

（十）联络信号

1. 低架提升机使用时，司机可以清楚地看到各层通道及吊篮内作业情况下，可以由各层作业人员直接与司机联系。

2. 低架提升机使用时，司机不能清楚地看到各层作业情况，或交叉作业施工各层同时使用提升机的，此时应设置专门的信号指挥人员，以确保不发生误操作。

3. 当利用室内井道做垂直运输或使用高架提升机时，司机与各层站的连系必须加装通讯装置。通讯装置应是一个闭路的双向通讯系统，司机应能听到每一层站的连系，并能向每一层站讲话。

（十一）卷扬机操作棚

1. 卷扬机和司机若在露天作业应搭设坚固的操作棚。操作棚应防雨，不影响视线。当距离作业区较近时，顶棚应具有一定防落物打击的能力。

2. 操作棚不仅可以保护机械设备的可靠运行，同时也为司机的操作不受干挠有防护作用。

（十二）避雷

临时用电规范规定：井字架及龙门架等机械设备，若在相邻建筑物、构筑物的防雷装置的保护范围以外，又在地区雷暴日规定的高度之中时，则应安装防雷装置。

1. 防雷装置的保护范围是以接闪器的高度，按60°角向地面划分保护范围的，当在保护范围之内时，设备可不加装防雷装置。

2. 我国幅员辽阔，不同地区年平均雷暴日的天数也不同，雷暴日的天数越多，危险性就大，机械设备安装防雷装置的要求高度也越低，当查阅用电规范达到规定的高度时，则应安装防雷装置。

3. 防雷装置包括：避雷针（接闪器），引下线及接地体。避雷针可采用$\phi20$钢筋，其长度$l=1\sim2m$，置于架体最顶端。引下线不得采用铝线，防止氧化、断开。接地体可与重复接地合用，阻值不大于10Ω。

物料提升机（龙门架、井字架）检查评分表　　表 3.0.9

序号	检查项目			扣分标准	应得分数	扣减分数	实得分数
1	保证项目	架体制作		无设计计算书或未经上级审批的扣 9 分 架体制作不符合设计要求和规范要求的扣 7~9 分 使用厂家生产的产品，无建筑安全监督管理部门准用证的扣 9 分	9		
2		限位保险装置		吊篮无停靠装置的扣 9 分 停靠装置未形成定型化的扣 5 分 无超高限位装置的扣 9 分 使用摩擦式卷扬机超高限位采用断电方式的扣 9 分 高架提升机无下极限限位器、缓冲器或无超载限制器的每一项扣 3 分	9		
3		架体稳定	缆风绳	架高 20m 以下时设一组，20～30m 设二组，少一组扣 9 分 缆风绳不使用钢丝绳的扣 9 分 钢丝绳直径小于 9.3mm 或角度不符合 45°～60°的扣 4 分 地锚不符合要求的扣 4～7 分	9		
			与建筑结构连接	连墙杆的位置不符合规范要求的扣 5 分 连墙杆连接不牢的扣 5 分 连墙杆与脚手架连接的扣 9 分 连墙杆材质或连接做法不符合要求的扣 5 分			
4		钢丝绳		钢丝绳磨损已超过报废标准的扣 8 分 钢丝绳锈蚀缺油扣 2～4 分 绳卡不符合规定的扣 2 分 钢丝绳无过路保护的扣 2 分 钢丝绳拖地，扣 2 分	8		
5		楼层卸料平台防护		卸料平台两侧无防护栏杆或防护不严的扣 2～4 分 平台脚手板搭设不严、不牢的扣 2～4 分 平台无防护门或不起作用的每一处扣 2 分 防护门未形成定型化、工具化的扣 4 分 地面进料口无防护棚或不符合要求的扣 2～4 分	8		

续表

序号	检查项目		扣分标准	应得分数	扣减分数	实得分数
6	保证项目	吊篮	吊篮无安全门的扣8分 安全门未形成定型化、工具化的扣4分 高架提升机不使用吊笼的扣4分 违章乘坐吊篮上下的扣8分 吊篮提升使用单根钢丝绳的扣8分	8		
7		安装验收	无验收手续和责任人签字的扣9分 验收单无量化验收内容的扣5分	9		
		小计		60		
8	一般项目	架体	架体安装拆除无施工方案的扣5分 架体基础不符合要求的扣2～4分 架体垂直偏差超过规定的扣5分 架体与吊篮间隙超过规定的扣3分 架体外侧无立网防护或防护不严的扣4分 摇臂扒杆未经设计的或安装不符合要求或无保险绳的扣8分 井字架开口处未加固的扣2分	10		
9		传动系统	卷扬机地锚不牢固，扣2分 卷筒钢丝绳缠绕不整齐，扣2分 第一个导向滑轮距离小于15倍卷筒宽度的扣2分 滑轮翼缘破损或与架体柔性连接，扣3分 卷筒上无防止钢丝绳滑脱保险装置，扣5分 滑轮与钢丝绳不匹配的扣2分	9		
10		联络信号	无联络信号的扣7分 信号方式不合理、不准确的扣2～4分	7		
11		卷扬机操作棚	卷扬机无操作棚的扣7分 操作棚不符合要求的扣3～5分	7		
12		避雷	防雷保护范围以外无避雷装置的扣7分 避雷装置不符合要求的扣4分	7		
		小计		40		
检查项目合计				100		

注：1. 每项最多扣减分数不大于该项应得分数。

2. 保证项目有一项不得分或保证项目小计得分不足40分，检查评分表计零分。

3. 该表换算到表3.0.1后得分$=\frac{10\times 该表检查项目实得分数合计}{100}$。

15. 外用电梯（人货两用电梯）检查评分表

外用电梯是指在建筑施工中做垂直运输使用，运载物料和人员的人货两用电梯，由于经常附着在建筑物的外侧，所以亦称外用电梯。

（一）安全装置

1. 制动器。由于人货电梯在施工中经常载人上下，其运行的可靠性直接关系着施工人员的生命安全。制动器是保证电梯运行安全的主要安全装置，由于电梯起动、停止频繁及作业条件的变化，制动器容易失灵，梯笼下滑导致事故，应加强维护，经常保持自动调节间隙机构的清洁，发现问题及时修理。安全检查时应做动作试验验证。

2. 限速器。坠落限速器是电梯的保险装置，电梯在每次安装后进行检验时，应同时进行坠落试验。将梯笼升离地面 4m 高度处，放松制动器，操纵坠落按钮，使梯笼自由降落，其制动距离不大于 1～1.5m，确认制动效果良好。再上升梯笼 20cm，放松摩擦锥体离心块（以上试验分别按空载及额定荷载进行）。按要求限速器每两年标定一次（去指定单位进行标定），安全检查时应检查标定日期和结果。

3. 门联锁装置。门联锁装置是确保梯笼门关闭严密时，梯笼方可运行的安全装置。当梯笼门没按规定关闭严密时，梯笼不能投入运行，以确保梯笼内人员的安全。安全检查时应做动作试验验证。

4. 上、下限位装置。确认梯笼运行时，上极限限位位置和下极限限位位置的正确及装置灵敏可靠。安全检查时应做动作试验验证。

（二）安全防护

1. 电梯底笼周围2.5m范围内必须设置牢固的防护栏杆，进出口处的上部搭设足够尺寸的防护棚（按坠落半径要求）。

2. 防护棚必须具有防护物体打击的能力，可用5cm厚木板或相当5cm木板强度的其他材料。

3. 电梯与各层站过桥和运输通道，除应在两侧设置两道护身栏及挡脚板并用立网封闭外，进出口处尚应设置常闭型的防护门。防护门在梯笼运行时处于关闭状，当梯笼运行到哪一层站时，该层站的防护门方可开启。

4. 防护门构造应安全可靠必须是常闭型，平时全部处于关闭状，不能使门全部打开形成虚设。

5. 各层站的运行通道或平台，必须采用5cm厚木板搭设平整牢固，不准采用竹板及厚度不一的板材，板与板应进行固定，沿梯笼运行一侧不允许有局部板伸出的现象。

（三）司机

1. 外用电梯司机属特种作业人员，应经正式培训考核并取得合格证书。

2. 电梯每班首次作业前，应检查试验各限位装置、梯笼门等处的联锁装置是否良好，各层站台口门是否关闭，并进行空车升降试验和测定制动器的效能。

电梯在每班首次载重运行时，必须从最低层上升，严禁自上而下。当梯笼升离地面1m高处时，要停车试验制动器的可靠性。

3. 多班作业的电梯司机应按照规定进行交接班，并认真填写交接班记录。

（四）荷载

1. 由于外用电梯一般均未装设超载限制装置，所以施工现场使用时要有明显的标志牌，对载人或载物做出明确限载规定，要求施工人员与司机共同遵守，并要求司机每次起动前先检查确认符合规定时，方可运行。

2.“未加对重不准载人”

主要是针对原设计有对重的电梯而规定的。当电梯在安装或拆除过程中，往往出现对重已被拆除而梯笼仍在运行的情况，此时梯笼的制动力矩大大增加，如果仍按正常使用载人、载物容易导致事故。一些电梯说明书中规定了要减载50%；运行中只能载1~2名作业人员及拆除的配件。因无对重电梯负荷相应加大，时间长易过热。为防止制动器失灵，梯笼应采用点动下滑，每下滑一个标准节停车一次。电梯原设计中就无对重的，不受此限制。

（五）安装与拆卸

1.安装或拆卸之前，由主管部门按照说明书要求结合施工现场的实际情况制定详细的作业方案，并在班组作业之前向全体工作人员进行交底和指定监护人员。

2.按照建设部规定，安装和拆卸的作业人员，应由专业队伍并取得市级有关部门核发的资格证书的人员担任，并设专人指挥。

（六）安装验收

1.电梯安装后应按规定进行验收，包括：基础的制作、架体的垂直度，附墙距离、顶端的自由高度、电气及安全装置的灵敏度检查测试结果，并做空载及额定荷载的试验运行进行验证。

2.如实的记录检查测试结果和对超过规定存在问题改正结果，确认电梯各项指标均符合要求。

（七）架体稳定

1.导轨架安装时，应用经纬仪对电梯在两个方向进行测量校准。其垂直度偏差不得超过万分之五，或按照说明书规定。

2.导轨架顶部自由高度、导轨架与建筑物距离、附壁架之间的垂直距离以及最低点附壁架离地面高度均不得超过说明书规定。

3.附壁架必须按照施工方案与建筑结构进行连接，并对建筑物规定强度要求，严禁附壁架与脚手架进行连接。

（八）联络信号

1. 电梯作业应设信号指挥，司机按照给定的信号操作，作业前必须鸣铃示意。

2. 信号指挥人员与司机应密切配合，不允许各层作业人员随意敲击导轨架进行联系的混乱作法。

（九）电气安全

1. 电梯应单独安装配电箱，并按规定做保护接零（接地）、重复接地和装设漏电保护装置。装设在阴暗处的电梯或夜班作业的电梯，必须在全行程上装设足够的照明和明显的层站编号标志灯具。

2. 电梯的电气装置应由专人管理负责检查维护调试，并有记录。

（十）避雷

见物料提升机“避雷”检查项目。

外用电梯（人货两用电梯）检查评分表　　表 3.0.10

序号	检查项目		扣分标准	应得分数	扣减分数	实得分数
1	保证项目	安全装置	梯笼安全装置未经试验或不灵敏的扣 10 分 门连锁装置不起作用的扣 10 分	10		
2		安全防护	地面梯笼出入口无防护棚的扣 8 分 防护棚材质搭设不符合要求的扣 4 分 每层卸料口无防护门的扣 10 分 有防护门不使用的扣 6 分 卸料台口搭设不符合要求的扣 6 分	10		
3		司机	司机无证上岗作业的扣 10 分 每班作业前不按规定试车的扣 5 分 不按规定交接班或无交接记录的扣 5 分	10		
4		荷载	超过规定承载人数无控制措施的扣 10 分 超过规定重量无控制措施的扣 10 分 未加对重载人的扣 10 分	10		
5		安装与拆卸	未制定安装拆卸方案的扣 10 分 拆装队伍没有取得资格证书的扣 10 分	10		
6		安装验收	电梯安装后无验收拆装无交底的扣 10 分 验收单上无量化验收内容的扣 5 分	10		
		小计		60		
7	一般项目	架体稳定	架体垂直度超过说明书规定的扣 7～10 分 架体与建筑结构附着不符合要求的扣 7～10 分 架体附着装置与脚手架连接的扣 10 分	10		
8		联络信号	无联络信号的扣 10 分 信号不准确的扣 6 分	10		
9		电气安全	电气安装不符合要求的扣 10 分 电气控制无漏电保护装置的扣 10 分	10		
10		避雷	在避雷保护范围外无避雷装置的扣 10 分 避雷装置不符合要求的扣 5 分	10		
		小计		40		
检查项目合计				100		

注：1. 每项最多扣减分数不大于该项应得分数。
2. 保证项目有一项不得分或保证项目小计得分不足 40 分的，检查评分表计零分。
3. 该表换算到表 3.0.1 后得分 $=\frac{10\times\text{该表检查项目实得分数合计}}{100}$。

16. 塔吊检查评分表

(一) 力矩限制器

1. 分析许多倒塔事故的发生，其主要原因都是由于超载造成，之所以形成超载一是由于重物的重量超过了规定：二是由于重物的水平距离超过了作业半径所致。安装力矩限制器后，当发生重量超重或作业半径过大，而导致力矩超过该塔吊的技术性能时，即自动切断起升或变幅动力源，并发出报警信号，防止发生事故。

2. 目前力矩限制器有两种，一种是电子型，另一种是机械型。电子型在显示上可以同时读到力矩、作业半径及重量数据，当接近塔吊的允许力矩时，有预警信号、使用方便，但是受作业条件影响大，可靠度差，易损坏、维修不便；机械型无显示装置也无预警信号，但工作可靠，比较适应现场施工作业条件，结构简单损坏率低。

3. 塔吊在转换场地重新组装、变换倍率及改变起重臂长度时，都必须调整力矩限制器，电子型的超载报警点也必须以实际作业半径和实际重量试吊重新进行标定。对小车变幅的塔吊，选用机械型力矩限制器时，必须和该塔吊相适应，(应选择同一种厂型)。

4. 装有机械型力矩限制器的动臂变幅式塔吊，在每次变幅后，必须及时对超载限位的吨位，按照作业半径的允许载荷进行调整。

5. 进行安全检查时，若无条件测试力矩限制器的可靠性，可对该机安装后进行的试运转记录进行检查，确认该机当时对力矩限制器的测试结果符合要求，和力矩限制器系统综合精度满足±5%的规定。

6．超载限制器（起升载荷限制器）。按照规定有的塔吊机型同时装有超载限制器。当荷载达到额定起重量的90%时，发出报警信号；当起重量超过额定起重量时，应切断上升方向的电源，机构可作下降方向运动。进行安全检查时，应同时进行试验确认。

（二）限位器

1．超高限位器。也称上升极限位置限制器，即当塔吊吊钩上升到极限位置时，自动切断起升机构的上升电源，机构可作下降运动，安全检查时应做动作试验验证。

2．变幅限位器。包括小车变幅和动臂变幅。安全检查时应做试验验证

（1）小车变幅。塔吊采用水平臂架，吊重悬挂在起重小车上，靠小车在臂架上水平移动实现变幅。小车变幅限位器是利用安装在起重臂头部和根部的两个行程开关及缓冲装置，对小车运行位置进行限定。

（2）动臂变幅。塔吊变换作业半径（幅度），是依靠改变起重臂的仰角来实现的。通过装置触点的变化，将灯光信号传递到司机室的指示盘上。并指示仰角度数，当控制起重臂的仰角分别到了上下限位时，则分别压下限位开关切断电源，防止超过仰角造成塔吊失稳。

现场做动作验证时，应由有经验的人员做监护指挥，防止发生事故。

3．行走限位器。对轨道式塔吊控制运行时不发生出轨事故。安全检查时，应进行塔吊行走动作试验，碰撞限位器验证可靠性。

（三）保险装置

1．吊钩保险装置。主要防止当塔吊工作时，重物下降被阻碍但吊钩仍继续下降而造成的索具脱勾事故。此装置是在吊钩开口处装设一弹簧压盖，压盖不能向上开启只能向下压开，防止索具从开口处脱出。

2. 卷筒保险装置。主要防止当传动机构发生故障时，造成钢丝绳不能够在卷筒上顺排，以致越过卷筒端部凸缘，发生咬绳等事故。

3. 爬梯护圈

(1) 当爬梯的通道高度大于5m时，从平台以上2m处开始设置护圈。护圈应保持完好，不能出现过大变形和少圈、开焊等现象。

(2) 当爬梯设于结构内部时，如爬梯与结构的间距小于1.2m，可不设护圈。

(四) 附墙装置与夹轨钳

1. 自升塔的自由高度应按照说明书要求，当超过规定时，应与建筑物进行附着，以确保塔吊的稳定性。

2. 附墙装置

(1) 附着在建筑物时其受力强度必须满足设计要求。

(2) 附着时应用经纬仪检查塔身垂直度，并进行调整。每道附墙装置的撑杆布置方式、相互间隔以及附墙装置的垂直距离应按照说明书规定。

(3) 当由于工程的特殊性需改变附着杆的长度、角度时，应对附着装置的强度、刚度和稳定性进行验算，确保不低于原设计的安全度。

(4) 轨道式起重机作附着式使用时，必须提高轨道基础的承载能力并切断行走机构的电源。

3. 夹轨钳。轨道式起重机露天使用时，应安装防风夹轨钳。

4. 夹轨钳装置必须保证卡紧后的制动效果，当司机午饭、下班以及中间临时停车需要离开塔吊时，必须按规定将塔吊的夹轨钳全部卡牢后方可离开。

(五) 安装与拆卸

1. 塔式起重机的安装和拆卸是一项既复杂又危险的工作，再加上塔吊的类型较多，作业环境不同，安装队伍的熟悉程度不一，所以要求工作之前必须针对塔吊类型特点，说明书的要求，结合作业条件制定详细的施工方案，包括：作业程序、人员的数量及工作位置、配合作业的起重机械类型及工作位置，地锚的埋设、索具的准备和现场作业环境的防护等。对于自升塔的顶升工作，必须有吊臂和平衡臂保持平衡状态的具体要求，和顶升过程中的顶升步骤及禁止回转作业的可靠措施。

2. 塔吊的安装和拆卸工作必须由专业队伍并取得市级有关部门核发的资格证书的人员担任。并设专人指挥。

（六）塔吊指挥

1. 塔吊司机属特种作业人员，应经正式培训考核并取得合格证书。合格证或培训考核内容，必须与司机所驾驶吊车类型相符。

2. 塔吊的信号指挥人员应经正式培训考核并取得合格证书。其信号应符合国家标准 GB 5052—85《起重吊运指挥信号》的规定。

3. 当现场多塔作业相互干挠，或高塔作业司机不能清晰的听到信号指挥人员的笛声和看到手势时，应结合现场实际改用旗语或对讲机进行指挥。

（七）路基与轨道

1. 塔吊的路基和轨道的铺设，必须严格按照其说明书规定进行。一般情况路基土壤承载能力：中型塔（3～15t）0.12～0.16MPa；重型塔（15t 以上）＞0.2MPa。并应整修平整压实，其上铺砂、碴石，并有排水措施。

2. 枕木材料可使用木材、钢筋混凝土或钢枕木，其截面尺寸按说明书规定（如 160×240、180×260 等），枕木长度应至少比轨距尺寸大 1200mm。当使用一长两短枕木排列时，应每隔 6m 左右加设一根槽钢拉杆以确保轨距。枕木间距为 600mm。当使用定型路基箱时，使用前应经检查验收确认符合要求。

3. 轨道的两侧应在每根枕木上用道钉钉牢（或用压板压牢），不得缺少和松动。轨道的接头应错开，接头处应架在轨枕上，两端高差不大于 2mm，接头夹板应与轨道配套并应将螺栓全部装满、紧固。

4. 轨道水平偏差在纵横方向上不大于1/1000。(应使用水平仪，在两条轨道上，10m范围内，分别测不少于三点，取其平均值)。

5. 距轨道终端1m处，设置极限位置阻挡器（止挡器)，其高度应大于行走轮的半径，以阻挡住断电后滑行的塔吊不出轨。

6. 固定式塔吊的基础施工应按设计图纸进行，其设计计算和施工详图应列入塔吊的专项施工组织设计内容之一，施工后应经验收并有记录。

(八) 电气安全

1. 塔吊电缆不允许拖地行走，应装设具有张紧装置的电缆卷筒，随塔吊行走卷筒自动将电缆缠绕，防止电缆与枕木摩擦或被轨道上杂物缠绕发生事故。

2. 施工现场架空线路与塔吊的安全距离，按照临时用电规范规定："旋转臂架式起重机的任何部位或被吊物边缘与10kV以下的架空线路边线最小水平距离不得小于2m。"当小于此距离时，应按要求搭设防护架，夜间施工应有36V彩泡（或红色灯泡)，当起重机作业半径在架空线路上方经过时，其线路的上方也应有防护措施。

3. 当现场采用TT系统时，塔吊应进行接地，其电阻值不大于4Ω；当采用TN系统时，除作保护接零外，还应按临时用电规范规定做重复接地，其电阻值不大于10Ω。

4. 塔吊的重复接地应在轨道的两端各设一组，对较长的轨道，每隔30m再加一组接地装置。两条轨道之间应用钢筋或扁铁等作环形电气连接，轨与轨的接头处应用导线跨接形成电气连接。

5. 塔吊的保护接零和接地线必须分开。可将电源线送至塔吊道轨端部设分配电箱，由该箱引出PE线与道轨的重复接地线相连接，即相当PE线通过轨轮与设备外壳连接。

（九）多塔作业

1. 两台或两台以上塔吊在相靠近的轨道上或在同一条轨道上作业时，应保持两机之间的最小距离：

（1）移动塔吊。任何部位（包括吊物）之间距离不小于 5m。

（2）固定塔吊。低位塔臂端部与高位塔身不小于 2m；高位塔吊钩与低位塔垂直距离不小于 2m。

2. 当施工因场地作业条件的限制，不能满足要求时，应同时采取两种措施：

（1）组织措施。对塔吊作业及行走路线进行规定，由专设的监护人员进行监督执行。

（2）技术措施。应设置限位装置缩短臂杆、升高（下降）塔身等措施，防止塔吊因误操作而造成的超越规定的作业范围，发生碰撞事故。

（十）安装验收

1. 塔吊的试运转及验收分为三种情况：出厂前、大修后和重复使用安装后，这里主要指重复使用安装后试运转与验收。应包括下面几个部分：

（1）技术检查。检查塔吊的紧固情况、滑轮与钢丝绳接触情况，电气线路、安全装置以及塔吊安装精度。在无载荷情况下，塔身与地面垂直度偏差不得超过千分之三。

（2）空载试验。按提升、回转、变幅、行走机构分别进行动作试验，并作提升、行走、回转联合动作试验。试验过程中碰撞各限位器，检验其灵敏度。

（3）额定载荷试验。吊臂在最小工作幅度，提升额定最大起重量，重物离地 20cm，保持十分钟，离地距离不变（此时力矩限制器应发出报警讯号）。试验合格后，分别在最大、最小、中间工作幅度进行提升、行走、回转动作试验及联合动作试验。

进行以上试验时，应用经纬仪在塔吊的两个方向观测塔吊变形及恢复变形情况、观察试验过程中有无异常现象，升温、漏油、油漆脱落等情况，进行记录、测定，最后确认合格可以投入运行。

2. 对试运转及验收的参加人员和检测结果应有详细如实的记录，并由有关人员签字确认符合要求。

塔吊检查评分表 表 3.0.11

序号	保证项目		扣分标准	应得分数	扣减分数	实得分数
1	保证项目	力矩限制器	无力矩限制器，扣 13 分 力矩限制器不灵敏，扣 13 分	13		
2		限位器	无超高、变幅、行走限位的每项扣 5 分 限位器不灵敏的每项扣 5 分	13		
3		保险装置	吊钩无保险装置的扣 5 分 卷扬机卷筒无保险装置，扣 5 分 上人爬梯无护圈或护圈不符合要求，扣 5 分	7		
4		附墙装置与夹轨钳	塔吊高度超过规定不安装附墙装置的扣 10 分 附墙装置安装不符合说明书要求的扣 3～7 分 无夹轨钳，扣 10 分 有夹轨钳不用每一处，扣 3 分	10		
5		安装与拆卸	未制定安装拆卸方案的扣 10 分 作业队伍没有取得资格证的扣 10 分	10		
6		塔吊指挥	司机无证上岗，扣 7 分 指挥无证上岗，扣 4 分 高塔指挥不使用旗语或对讲机的扣 7 分	7		
		小计		60		
7	一般项目	路基与轨道	路基不坚实、不平整、无排水措施，扣 3 分 枕木铺设不符合要求，扣 3 分 道钉与接头螺栓数量不足，扣 3 分 轨距偏差超过规定的，扣 2 分 轨道无极限位置阻挡器，扣 5 分 高塔基础不符合设计要求，扣 10 分	10		
8		电气安全	行走塔吊无卷线器或失灵，扣 6 分 塔吊与架空线路小于安全距离又无防护措施，扣 10 分 防护措施不符合要求，扣 2～5 分 道轨无接地、接零，扣 4 分 接地、接零不符合要求，扣 2 分	10		
9		多塔作业	两台以上塔吊作业、无防碰撞措施，扣 10 分 措施不可靠，扣 3～7 分	10		

续表

序号	保证项目		扣分标准	应得分数	扣减分数	实得分数
10	一般项目	安装验收	安装完毕无验收资料或责任人签字的扣10分 验收单上无量化验收内容，扣5分	10		
		小计		40		
检查项目合计				100		

注：1. 每项最多扣减分数不大于该项应得分数。

2. 保证项目有一项不得分或保证项目小计得分不足40分的，检查评分表计零分。

3. 该表换算到表3.0.1后得分 $=\frac{5\times\text{该表检查项目实得分数合计}}{100}$。

17. 起重吊装安全检查评分表

（一）施工方案

1. 起重吊装包括结构吊装和设备吊装，其作业属高处危险作业，作业条件多变，施工技术也比较复杂，施工前应编制专项施工方案。其内容应包括：现场环境、工程概况、施工工艺、起重机械的选型依据、起重扒杆的设计计算、地锚设计、钢丝绳及索具的设计选用、地耐力及道路的要求，构件堆放就位图以及吊装过程中的各种防护措施等。

2. 作业方案必须针对工程状况和现场实际具有指导性，并经上级技术部门审批确认符合要求。

（二）起重机械

1. 起重机

（1）起重机械按施工方案要求选型，运到现场重新组装后，应进行试运转试验和验收，确认符合要求并有记录、签字。

（2）起重机经检测后可以继续使用并持有市级有关部门定期核发的准用证。

（3）经检查确认安全装置包括超高限位器、力矩限制器、臂杆幅度指示器及吊钩保险装置均符合要求。当该机说明书中尚有其他安全装置时应按说明书规定进行检查。

2. 起重扒杆

（1）起重扒杆的选用应符合作业工艺要求，扒杆的规格尺寸通过设计计算确定，其设计计算应按照有关规范标准进行并经上级技术部门审批。

（2）扒杆选用的材料、截面以及组装形式，必须按设计图纸要求进行，组装后应经有关部门检验确认符合要求。

（3）扒杆与钢丝绳、滑轮、卷扬机等组合后，应先经试吊确认。可按1.2倍额定荷载，吊离地面200～500mm，使各缆风绳就位，起升钢丝绳逐渐绷紧，确认各部门滑车及钢丝绳受力良好，轻轻晃动吊物，检查扒杆，地锚及缆风绳情况，确认符合设计要求。

（三）钢丝绳与地锚

1. 钢丝绳断丝数在一个节距中超过10%、钢丝绳锈蚀或表面磨损达40%以及有死弯、结构变形绳芯挤出等情况时，应报废停止使用。断丝或磨损小于报废标准的应按比例折减承载能力。钢丝绳应按起重方式确认安全系数，人力驱动时，$K=4.5$；机械驱动时，$K=5\sim6$。

2. 扒杆滑轮及地面导向滑轮的选用，应与钢丝绳的直径相适应，其直径比值不应小于15，各组滑轮必须用钢丝绳牢靠固定，滑轮出现翼缘破损等缺陷时应及时更换。

3. 缆风绳应使用钢丝绳，其安全系数$K=3.5$，规格应符合施工方案要求，缆风绳应与地锚牢固连接。

4. 地锚的埋设作法应经计算确定，地锚的位置及埋深应符合施工方案要求和扒杆作业时的实际角度。当移动扒杆时，也必须使用经过设计计算的正式地锚，不准随意拴在电杆、树木和构件上。

（四）吊点

1. 根据重物的外形、重心及工艺要求选择吊点，并在方案中进行规定。

2. 吊点是在重物起吊、翻转、移位等作业中都必须使用的，吊点选择应与重物的重心在同一垂直线上，且吊点应在重心之上（吊点与重物重心的连线和重物的横截面成垂直）。使重物垂直起吊，禁止斜吊。

3. 当采用几个吊点起吊时，应使各吊点的合力作用点，在重物重心的位置之上。必须正确计算每根吊索的长度，使重物在吊装过程中始终保持稳定位置。

当构件无吊鼻需用钢丝绳捆绑时，必须对棱角处采取保护措施，防止切断钢丝。

钢丝绳做吊索时，其安全系数 $K=6\sim8$。

（五）司机、指挥

1. 起重机司机属特种作业人员应经正式培训考核并取得合格证书。合格证书或培训内容，必须与司机所驾驶起重机类型相符。

2. 汽车吊、轮胎吊必须由起重机司机驾驶，严禁同车的汽车司机与起重机司机相互替代。（司机持有两种证的除外）。

3. 起重机的信号指挥人员应经正式培训考核并取得合格证书。其信号应符合国家标准 GB 5052—85《起重吊运指挥信号》的规定。

4. 起重机在地面，吊装作业在高处作业的条件下，必须专门设置信号传递人员，以确保司机清晰准确的看到和听到指挥信号。

（六）地耐力

1. 起重机作业区路面的地耐力应符合该机说明书要求，并应对相应的地耐力报告结果进行审查。

2. 作业道路平整坚实，一般情况纵向坡度不大于 3‰，横向坡度不大于 1‰。行驶或停放时，应与沟渠、基坑保持 5m 以外，且不得停放在斜坡上。

3. 当地面平整与地耐力不能满足要求时，应采用路基箱、道木等铺垫措施，以确保机车的作业条件。

（七）起重作业

1. 起重机司机应对施工作业中所起吊重物重量切实清楚，并有交底记录。

2. 司机必须熟知该机车起吊高度及幅度情况下的实际起吊重量，并清楚机车中各装置正确使用，熟悉操作规程，做到不超载作业。

（1）作业面平整坚实。支脚全部伸出垫牢。机车平稳不倾斜。

(2) 不准斜拉、斜吊。重物启动上升时应逐渐动作缓慢进行，不得突然起吊形成超载。

(3) 不得起吊埋于地下和粘在地面或其他物体上的重物。

(4) 多机台共同工作，必须随时掌握各起重机起升的同步性，单机负载不得超过该机额定起重量的80%。

3. 起重机首次起吊或重物重量变换后首次起吊时，应先将重物吊离地面200～300mm后停住，检查起重机的工作状态，在确认起重机稳定、制动可靠、重物吊挂平衡牢固后，方可继续起升。

(八) 高处作业

1. 起重吊装于高处作业时，应按规定设置安全措施防止高处坠落。包括各洞口盖严盖牢，临边作业应搭设防护栏杆封挂密目网等。结构吊装时，可设置移动式节间安全平网，随节间吊装平网可平移到下一节间，以防护节间高处作业人员的安全。高处作业规范规定："屋架吊装以前，应预先在下弦挂设安全网，吊装完毕后，即将安全网铺设固定"。

2. 吊装作业人员在高空移动和作业时，必须系牢安全带。独立悬空作业人员除去有安全网的防护外，还应以安全带作为防护措施的补充。例如在屋架安装过程中，屋架的上弦不允许作业人员行走，当走下弦时，必须将安全带系牢在屋架上的脚手杆上(这些脚手杆是在屋架吊装之前临时绑扎的。)；在行车梁安装过程中，作业人员从行车梁上行走时，其一侧护栏可采用钢索，作业人员将安全带扣牢在钢索上随人员滑行，确保作业人员移动安全。

3. 作业人员上下应有专用爬梯或斜道，不允许攀爬脚手架或建筑物上下。对爬梯的制作和设置应符合高处作业规范"攀登作业"的有关规定。

(九) 作业平台

1. 按照高处作业规范规定："悬空作业处应有牢靠的立足

处，并必须视具体情况，配置防护栏网、栏杆或其他安全设施”。高处作业人员必须站在符合要求的脚手架或平台上作业。

2. 脚手架或作业平台应有搭设方案，临边应设置防护栏杆和封挂密目网。

3. 脚手架的选材和铺设应严密、牢固并符合脚手架的搭设规定。

（十）构件堆放

1. 构件堆放应平稳，底部按设计位置设置垫木。楼板堆放高度一般不应超过 1.6m。

2. 构件多层叠放时，柱子不超过两层；梁不超过三层；大型屋面板、多孔板 6～8 层；钢屋架不超过三层。各层的支承垫木应在同一垂直线上，各堆放构件之间应留不小于 0.7m 宽的通道。

3. 重心较高的构件（如屋架、大梁等），除在底部设垫木外，还应在两侧加设支撑，或将几榀大梁以方木铁丝将其连成一体，提高其稳定性，侧向支撑沿梁长度方向不得少于三道。墙板堆放架应经设计计算确定，并确保地面抗倾覆要求。

（十一）警戒

1. 起重吊装作业前，应根据施工组织设计要求划定危险作业区域，设置醒目的警示标志，防止无关人员进入。

2. 除设置标志外，还应视现场作业环境，专门设置监护人员，防止高处作业或交叉作业时造成的落物伤人事故。

（十二）操作工

1. 起重吊装作业人员包括起重工、电焊工等均属特种作业人员，必须经有关部门培训考核并发给合格证书方可操作。

2. 起重吊装工作属专业性强、危险性大的工作，其工作应由有关部门认证的专业队伍进行，工作时应由有经验的人员担任指挥。

起重吊装安全检查评分表 表3.0.12

序号	检查项目			扣分标准	应得分数	扣减分数	实得分数
1	保证项目	施工方案		起重吊装作业无方案，扣10分 作业方案未经上级审批或方案针对性不强，扣5分	10		
2		起重机械	起重机	起重机无超高和力矩限制器，扣10分 吊钩无保险装置，扣5分 起重机未取得准用证，扣20分 起重机安装后未经验收，扣15分	20		
			起重扒杆	起重扒杆无设计计算书或未经审批，扣20分 扒杆组装不符合设计要求，扣17～20分 扒杆使用前未经试吊，扣10分			
3		钢丝绳与地锚		起重钢丝绳磨损、断丝超标的扣10分 滑轮不符合规定的扣4分 缆风绳安全系数小于3.5倍的扣8分 地锚埋设不符合设计要求，扣5分	10		
4		吊点		不符合设计规定位置的扣5～10分 索具使用不合理、绳径倍数不够的扣5～10分	10		
5		司机、指挥		司机无证上岗的扣10分 非本机型司机操作的扣5分 挥指无证上岗的扣5分 高处作业无信号传递的扣10分	10		
		小计			60		

续表

序号	检查项目		扣分标准	应得分数	扣减分数	实得分数
6	一般项目	地耐力	起重机作业路面地耐力不符合说明书要求的扣5分 地面铺垫措施达不到要求的扣3分	5		
7		起重作业	被吊物体重量不明就吊装的扣3分 有超载作业情况的扣6分 每次作业前未经试吊检验的扣3分	6		
8		高处作业	结构吊装未设置防坠落措施的扣9分 作业人员不系安全带或安全带无牢靠悬挂点的扣9分 人员上下无专设爬梯、斜道的扣5分	9		
9		作业平台	起重吊装人员作业无可靠立足点扣的5分 作业平台脚手板不满铺的扣3分	5		
10		构件堆放	楼板堆放超过1.6m高度的扣2分 其他物件堆放高度不符合规定的扣2分 大型构件堆放无稳定措施的扣3分	5		
11		警戒	起重吊装作业无警戒标志，扣3分 未设专人警戒，扣2分	5		
12		操作工	起重工、电焊工无安全操作证上岗的每一人扣2分	5		
		小计		40		
检查项目合计				100		

注：1. 每项最多扣减分数不大于该项应得分数。

2. 保证项目有一项不得分或保证项目小计得分不足40分的，检查评分表计零分。

3. 该表换算到表3.0.1后得分 $=\dfrac{5\times \text{该表检查项目实得分数合计}}{100}$。

18. 施工机具检查评分表

（一）平刨

1. 设备进场应经有关部门组织进行检查验收并记录存在问题及改正结果，确认合格。

2. 平刨护手装置应达到作业人员刨料发生意外情况时，不会造成手部被刨刃伤害的事故。

3. 明露的机械传动部位应有牢固、适用的防护罩，防止物料带入、保障作业人员的安全。

4. 按照电气的规定，设备外壳应做保护接零（接地），开关箱内装设漏电保护器（30mA×0.1s）。

5. 当作业人员准备离开机械时，应先拉闸切断电源后再走，避免误碰触开关发生事故。

6. 严禁使用多功能平刨（即平刨、电锯、打眼三种功能合置在一台机械上，开机后同时转动）。

（二）圆盘电锯

1. 设备进场应经有关部门组织进行检查验收并记录存在问题及改正后结果，确认合格。

2. 圆盘锯的安全装置应包括：

（1）锯盘上方安装防护罩，防止锯片发生问题时造成的伤人事故。

（2）锯盘的前方安装分料器（劈刀），木料经锯盘锯开后向前继续推进时，由分料器将木料分离一定缝隙，不致造成木料夹锯现象使锯料顺利进行。

（3）锯盘的后方应设置防止木料倒退装置。当木料中遇有铁钉、硬节等情况时，往往不能继续前进突然倒退打伤作业人员。为防止此类事故发生，应在锯盘后面作业人员的前方，设置挡网或棘爪等防倒退装置。档网可以从网眼中看到被锯木料的墨线不影响作业，又可将突然倒退的木料挡住；棘爪的作用是在木料突然倒退时，棘爪插入木料中止住木料倒退伤人。

3. 明露的机械传动部位应有牢固、适用的防护罩，防止物料带入，保障作业人员的安全。

4. 按照电气的规定，设备外壳应做保护接零（接地），开关箱内装设漏电保护器（30mA×0.1s）。

5. 当作业人员准备离开机械时，应先拉闸切断电源后再走，避免误碰触开关发生事故。

（三）手持电动工具

1. 使用Ⅰ类工具（金属外壳）外壳应做保护接零，在加装漏电保护器的同时，作业人员还应穿戴绝缘防护用品。漏电保护器的参数为30mA×0.1s；露天、潮湿场所或在金属构架上操作时，严禁使用Ⅰ灯工具。使用Ⅱ类工具时，漏电保护器的参数为15mA×0.1s。

2. 发放使用前，应对手持电动工具的绝缘阻值进行检测，Ⅰ类工具应不低于2MΩ；Ⅱ类工具应不低于7MΩ。

3. 手持电动工具自带的软电缆或软线不允许任意拆除或接长；插头不得任意拆除更换。当不能满足作业距离时，应采用移动式电箱解决，避免接长电缆带来的事故隐患；工具自带的电缆压接插头，不但使用牢靠不易断线，同时由于金属插头规格按规定的接触顺序设计制造，从而防止零火误插入事故。

4. 工具中运动的（转动的）危险零件，必须按有关的标准装设防护罩，不得任意拆除。

（四）钢筋机械

1. 设备进场应经有关部门组织进行检查验收并记录存在问题及改正结果，确认合格。

2. 按照电气的规定，设备外壳应做保护接零（接地），开关箱内装设漏电保护器（30mA×0.1s）。

3. 明露的机械传动部位应有牢固、适用的防护罩，防止物料带入、保障作业人员的安全。

4.冷拉场地应设置警戒区，设置防护栏杆及标志。冷拉作业应有明显的限位指示标记，卷扬钢丝绳应经封闭式导向滑轮与被拉钢筋方向成直角，防止断筋后伤人。

5.对焊作业要有防止火花烫伤的措施，防止作业人员及过路人员烫伤。

（五）电焊机

1.电焊机进场应经有关部门组织进行检查验收并记录存在问题及改正结果，确认合格。

2.按照电气的规定，设备外壳应做保护接零（接地），开关箱内装设漏电保护器。

3.关于电焊机二次侧安装空载降压保护装置问题。

（1）交流电焊机实际上就是一台焊接变压器，由于一次线圈与二次线圈相互绝缘，所以一次侧加装漏电保护器后，并未减轻二次侧的触电危险。

（2）二次侧具有低电压，大电流的特点，以满足焊接工作的需要。二次侧的工作电压只有20多伏，但为了引弧的需要，其空载电压一般为45～80V（高于安全电压），所以要求电焊工人戴帆布手套、穿胶底鞋，防止电弧熄灭和换焊条时，发生触电事故。

（3）由于作业条件的变化管理上存在问题，空载电压引起的触电死亡事故屡有发生，我国早在1988年就颁发了GB10235—88，但并未受到应有的重视，因此这次修订标准时，增加了此项规定，强制要求弧焊变压器加装防触电装置，由于此种装置能把空载电压降到安全电压以下（一般低于24V），因此完全能防止此类事件发生。

（4）检查标准写的两种保护装置：

空载降压保护装置。当弧焊变压器处于空载状态时，可使其电压降到安全电压值以下，当启动焊接时，焊机空载电压恢复正常。不但保障了作业人员的安全，同时由于切断了空载时焊机的供电电源，降低了空载损耗，起到了节约电能的作用。

防触电保护装置。是将电焊机输入端加装漏电保护和输出端加装空载降压保护合二而一采用一种保护装置，对电焊机的输入端和输出端的过电压、过载、短路和防触电具有保护功能，同时也具有空载节电的效果。

4. 电焊机的一次侧与二次侧比较，一次侧电压高危险性大，如果一次线过长（拖地）容易损坏或机械损伤发生危险，所以一次线安装的长度以尽量不拖地为准（一般不超过 3m），焊机尽量靠近开关箱，一次线外最好穿管保护和焊机接线柱连接后，上方应设防护罩防止意外碰触。

5. 焊把线长度一般不应超过 30m 并不准有接头。接头处往往由于包扎达不到电缆原有的防潮、抗拉、防机械、损伤等性能，所以接头处不但有触电的危险，同时由于电流大，接头处过热，接近易燃物容易引起火灾。

6. 用电《规范》规定"容量大于 5.5kW 的动力电路应采用自动开关电器"，电焊机一般容量都比较大，不应采用手动开关，防止发生事故。

7. 露天使用的焊机应该设置在地势较高平整的地方并有防雨措施。

（六）搅拌机

1. 搅拌机进场应经有关部门组织进行检查验收记录存在问题及改正结果，确认合格。

2. 按照电气的规定，设备外壳应做保护接零（接地），开关箱内装设漏电保护器（30mA×0.1s）。

3. 空载和满载运行时检查传动机构是否符合要求，检查钢丝绳磨损是否超过规定，离合器、制动器灵敏可靠。

4. 自落式搅拌机出料时，操作手柄轮应有锁住保险装置，防止作业人员在出料口操作时发生误动作。

5. 露天使用的搅拌机应有防雨棚。

6. 搅拌机上料斗应设保险挂勾，当停止作业或维修时，应将料斗挂牢。

7. 各传动部位都应装设防护罩。

8. 固定式搅拌机应有可靠的基础，移动式搅拌机应在平坦坚硬的地坪上用方木或撑架架牢，并垫上干燥木板保持平稳。

（七）气瓶

1. 各种气瓶标准色：氧气瓶（天篮色瓶、黑字）、乙炔瓶（白色瓶、红字）、氢气瓶（绿色瓶、红字）、液化石油气瓶（银灰色瓶、红字）。

2. 不同类的气瓶，瓶与瓶之间不小于 5m，气瓶与明火距离不小于 10m。当不能满足安全距离要求时应有隔离防护措施。

3. 乙炔瓶不应平放。

因为乙炔瓶内微孔填料中浸满丙酮，利用乙炔溶解于丙酮的特点使乙炔贮存在乙炔气瓶中，当乙炔用完时，丙酮仍存留在瓶中待下次继续使用。而丙酮是一级易燃品，若气瓶平放，丙酮有排出的危险。

乙炔瓶瓶体温度不准超过 40℃。

丙酮溶解乙炔的能力是随温度升高而下降的，当温度达到 40℃时，溶解能力只为正常温度（15℃）的 1/2，溶解能力下降，造成瓶体内压力增高，超过瓶壁压力过高时就有爆炸的危险，所以夏季应防爆晒，冬天解冻用温水。

4. 气瓶存放

包括集中存放和零散存放。施工现场应设置集中存放处，不同类的气瓶存放有隔离措施，存放环境应符合安全要求，管理人员应经培训，存放处有安全规定和标志。零散存放是属于在班组使用过程中的存放，不能存放在住宿区和靠近油料、火源的地方。存放区应配备灭火器材。

5. 运输气瓶的车辆，不能与其他物品同车运输，也不准一车同运两种气瓶。使用和运输应随时检查防震圈的完好情况，为保护瓶阀，应装好瓶帽。

（八）翻斗车

1. 按照有关规定，机动翻斗车应定期进行年检，并应取得上级主管部门核发的准用证。

2. 空载行驶当车速在为 20km/h，使离合器分离或变速器置于空档，进行制动，测量制动开始时到停车的轮胎压印、拖印长度之和，应符合参数规定。

3. 司机应经有关部门培训考核并持有合格证。

4. 机动翻斗车除一名司机外，车上及斗内不准载人。司机应遵章驾车，起步平稳，不得用二、三档起步。往基坑卸料时，接近坑边应减速。行驶前必须将翻斗锁牢，离机时必须将内燃机熄火，并挂档拉紧手制动器。

（九）潜水泵

潜水泵是指将泵直接放入水中使用的水泵，操作时应注意作到以下几点：

1. 水泵外壳必须做保护接零（接地），开关箱中装设漏电保护器，（15mA×0.1s）。

2. 泵应放在坚固的筐里置入水中，泵应直立放置。放入水中或提出水面时，应先切断电源，禁止拉拽电缆。

3. 接通电源应在水外先行试运转，（试运转时间不超过 5min），确认旋转方向正确无泄漏现象。

4. 叶轮中心至水面距离应在 3～5m 之间，泵体不得陷入污泥或露出水面。

（十）打桩机械

1. 按照有关规定，打桩机应定期进行年检，并应取得市级主管部门核发的准用证。

2. 按照该机的说明书规定检查安全限位装置的灵敏和可靠性。

3. 施工场地应按坡度不大于 1%，地耐力不小于 83kPa 的要求进行平整压实，或按该机说明书要求进行。

4. 施工前应针对作业条件和桩机类型编写专项作业方案并经审核批准。

5. 按照施工方案和说明书要求编写打桩操作规程并进行贯彻。

施工机具检查评分表　　表 3.0.13

序号	检查项目	扣分标准	应得分数	扣减分数	实得分数
1	平刨	平刨安装后无验收合格手续，扣 5 分 无护手安全装置，扣 5 分 未做保护接零、无漏电保护器的各扣 5 分 无人操作时未切断电源的扣 3 分 使用平刨和圆盘锯合用一台电机的多功能木工机具的，平刨和圆盘锯两项扣 20 分	10		
2	圆盘电锯	电锯安装后无验收合格手续的扣 5 分 无锯盘护罩、分料器、防护挡板安全装置和传动部位无防护每缺一项的扣 5 分 未做保护接零、无漏电保护器的各扣 5 分 无人操作时未切断电源的扣 3 分	10		
3	手持电动工具	Ⅰ类手持电动工具无保护接零的扣 10 分 使用Ⅰ类手持电动工具不按规定穿戴绝缘用品的扣 5 分 使用手持电动工具随意接长电源线或更换插头的扣 5 分	10		
4	钢筋机械	机械安装后无验收合格手续的扣 5 分 未做保护接零、无漏电保护器的各扣 5 分 钢筋冷拉作业区及对焊作业区无防护措施的扣 5 分 传动部位无防护的扣 3 分	10		
5	电焊机	电焊机安装后无验收合格手续的扣 5 分 未做保护接零、无漏电保护器的各扣 5 分 无二次空载降压保护器或防触电装置的扣 5 分 一次线长度超过规定或不穿管保护的扣 5 分 焊把线接头超过 3 处或绝缘老化的扣 5 分 电源不使用自动开关的扣 3 分 电焊机无防雨罩的扣 4 分	10		

续表

序号	检查项目	扣分标准	应得分数	扣减分数	实得分数
6	搅拌机	搅拌机安装后无验收合格手续的扣5分 未做保护接零、无漏电保护器的各扣5分 离合器、制动器、钢丝绳达不到要求的每项扣3分 操作手柄无保险装置的扣3分 搅拌机无防雨棚和作业台不安全的扣4分 搅拌机无保险挂钩或挂钩不使用的扣3分 传动部位无防护罩的扣4分 作业平台不平稳的扣3分	10		
7	气瓶	各种气瓶无标准色标的扣5分 气瓶间距小于5m、距明火小于10m又无隔离措施的各扣5分 乙炔瓶使用或存放时平放的扣5分 气瓶存放不符合要求的扣5分 气瓶无防震圈、防护帽的每一个扣2分	10		
8	翻斗车	翻斗车未取得准用证的扣5分 翻斗车制动装置不灵敏的扣5分 无证司机驾车的扣5分 行车载人或违章行车每发现一次扣5分	10		
9	潜水泵	未做保护接零、无漏电保护器的各扣5分 保护装置不灵敏、使用不合理的扣5分	10		
10	打桩机械	打桩机未取得准用证和安装后无验收合格手续扣5分 打桩机无超高限位装置的扣5分 打桩机行走路线地耐力不符合说明书要求的扣5分 打桩作业无方案的扣5分 打桩操作违反操作规程的扣5分	10		
检查项目合计			100		

注：1. 每项最多扣减分数不大于该项应得分数。

2. 该表换算到表3.0.1后得分 $= \frac{5\times \text{该表检查项目实得分数合计}}{100}$。

19. 与安全检查标准相关的规范、标准及规定

安全检查标准与相关的《规范》

序号	安全检查表	相关《规范》及有关标准规定
1	落地式外脚手架	编制建筑施工脚手架安全技术标准的统一规定（修订稿 1997） 建筑施工扣件式钢管脚手架安全技术规范（JGJ 130—2001）
2	门型脚手架	建筑施工门式钢管脚手架安全技术规范（JGJ 128—2000）
3	挂架子、吊篮架子	工具式脚手架安全技术规范（未颁发） 高处作业吊篮安全规则（JGJ5027—92）
4	随着式升降脚手架	建筑施工附着升降脚手架管理暂行规定［建建（2000）230号］
5	“三宝、四口”防护	建筑施工高处作业安全技术规范（JGJ80—91） 安全帽（GB 2811—81） 安全带（GB 6095—85） 安全网（GB 5725—85） 高处作业分级（GB 3608—83） 密目式安全网（GB 16909—1997）
6	基坑支护	建筑基坑支护技术规程（JGJ 120—99）
7	模板工程	建筑施工模板工程安全技术规范（未颁发）
8	施工用电	施工现场临时用电安全技术规范（JGJ 46—88） 施工现场临时用电施工组织设计（徐荣杰主编） 建筑施工现场临时用电安全技术（徐荣杰主编） 漏电保护器安装和运行（GB 1395—92） 漏电电流动作保护器（GB 6829—86） 安全电压（GB 3805—83）

续表

序号	安全检查表	相关《规范》及有关标准规定
9	物料提升机	龙门架及井架物料提升机安全技术规范（JGJ 88—92）
10	外用电梯	建筑机械使用安全技术规程（JGJ 33—86） 建筑机械技术试验规程（JGJ 34—86） 施工升降机（GB 10052—1996）
11	塔吊	建设部《加强塔式起重机安全使用管理的若干规定》 建筑塔式起重机安全规程（GB 5144—94） 建筑机械使用安全技术规程（JGJ 33—86） 建筑机械技术试验规程（JGJ 34—86） 起重机械安全规程（GB 6067—86）
12	起重吊装	建筑施工起重吊装安全技术规程（未颁发） 起重机械安全规程（GB 6067—86）
13	施工机具	建筑机械使用安全技术规程（JGJ 33—86） 手持式电动工具的管理、使用、检查和维修安全技术规程（GB 3787—83）